农村青年职业技能学习丛书

NONGCUN QINGNIAN ZHIYE
JINENG XUEXI CONGSHU

新编 数控加工实用技术

（上）

主　编：汪金营

湖南科学技术出版社

图书在版编目(CIP)数据

新编数控加工实用技术/汪金营主编. ——长沙：湖南科学技术出版社，2010.10

(农村青年职业技能学习丛书)

ISBN 978－7－5357－6453－9

Ⅰ.①新… Ⅱ.①汪… Ⅲ.①数控机床－加工－青年读物 Ⅳ.①TG659－49

中国版本图书馆 CIP 数据核字(2010)第 190701 号

农村青年职业技能学习丛书

新编数控加工实用技术(上)

主　编：汪金营

责任编辑：赵　龙　杨　林

出版发行：湖南科学技术出版社

社　　址：长沙市湘雅路 276 号

http://www.hnstp.com

邮购联系：本社直销科　0731－84375808

印　　刷：唐山新苑印务有限公司

(印装质量问题请直接与本厂联系)

厂　　址：河北省玉田县亮甲店镇杨五侯庄村东 102 国道北侧

邮　　编：064101

出版日期：2017 年 10 月第 1 版第 2 次

开　　本：850mm×1168mm　1/32

印　　张：5

书　　号：ISBN 978－7－5357－6453－9

定　　价：47.00 元(共两册)

前　言

建设社会主义新农村是农业生产发展的需要。我国土地资源稀缺，人均可耕地面积仅占世界平均水平的 2/5，同时人口众多，而且还将继续增加，人地关系将长期处于紧张状态。在这种形势下，提高农业生产效率，保障国家粮食安全，满足全体人民食物需求，将主要依靠农业科技进步。

高素质的农民接受新技术的能力强，对新技术的反应敏捷，是加快技术扩散速度和范围，对农业的贡献更大提高的重要关键。另外，高素质农民将形成对农业新技术要素的持续旺盛需求，刺激和推进农业新技术的研究和发明，扩大供给，从而保证农业生产的长期持续发展。

事实上，我国新农村建设还面临着农业产业结构调整和农村产业结构（发展第二、第三产业）调整的艰巨任务，产业结构调整意味着就业结构和职业结构的改变，这种改变对劳动力的技术水平要求更高。唯有较高素质的农民才能学习新技术掌握新技能，也才能根据市场变化适时主动地调整产业产品结构。

青年农民是农业生产力中最活跃、最具创造力的因素，而对农民进行培训，最主要的途径是：(1) 学校正规教育；(2) 职业技能培训。有计划地对即将变为城市人口的农民进行培训，为农民身份的改变创造就业机会，增加技能储备，这是我们策划、构思、编写本套《农村青年职业技能学习丛书》的初衷。

本套丛书的编写宗旨是围绕国家“阳光工程”的实施目标，在于提高农村劳动力素质和就业技能，促进农村劳动力向非农产业和城镇转移，实现稳定就业和增加农民收入，推动城乡经济社会协调发展；围绕提高我国广大农村青年进城务工必须掌握就业的基本知识和技能的时代要求，帮助他们通过自学掌握从农民向技术工人转变所必需的知识和技术，适应社会多领域的就业需求，获得职业入门指导。

本书编委会

目　录

第一章 初识数控加工

第一节 数控加工及发展

数控加工是在数控机床上进行的，它是利用数字化信号对机床运动及加工过程进行控制的一种先进的加工方式。

数控加工以其精度高、效率高、能适应小批量多品种复杂零件的加工等特点，在机械加工中得到日益广泛的应用。概括起来，数控加工有以下几方面的优点：

（1）适应性强。

（2）加工精度高。

（3）生产效率高。

（4）能实现复杂的运动。

（5）良好的经济效益。

（6）有利于生产管理的现代化。

第二节 数控系统与数控机床

一、数控系统

数控系统即数字控制系统，早期是由硬件电路构成的称为硬件数控，20 世纪 70 年代以后，硬件电路元件逐步由专用的计算机代替称为计算机数控系统（CNC）。

计算机数控系统（CNC）是用计算机控制加工功能，实现数值控制的系统。CNC 系统由程序、输入/输出设备、计算机数字控制装置、可编程控制器（PLC）、主轴驱动装置和进给驱动装置等组成。

当前使用的数控系统主要有以下几种。

(一) 法那科 (FANUC) 数控系统

日本法那科 (FANUC) 公司创建于 1956 年，现已发展成为世界上最大的专业数控系统生产厂家。FANUC 系统早期有 3 系列系统及 6 系列系统，现有 0 系列、10/11/12 系列、15、16、18、21 系列等，应用最广的是 FANUC0 系列系统。

FANUC0 系列系统是 FANUC 公司 1985 年推出的，它的体积小、价格低，适用于机电一体化的小型机床，它与适用于中、大型的系统 10/11/12 系列一起组成了这一时期的全新系列产品。

FANUC 数控系统设计合理，性能先进，应用范围广，适用于多种机床。系统为模块化结构设计，采用了专用大规模集成电路，以提高集成度、可靠性，减小体积和降低成本，同时系统在插补、补偿、自动编程、图形显示、通信、控制和诊断方面不断增加新的功能，特别在故障诊断方面，采用人工智能，系统以知识库为根据查找故障原因，使用效果很好。

(二) 西门子 (SIEMENS) 数控系统

德国西门子 SIEMENS 公司的数控系统采用模块化结构设计，经济性好，在一种标准硬件上，配置多种软件，使它具有多种工艺类型，满足各种机床的需要，并成为系列产品。随着微电子技术的发展，越来越多地采用大规模集成电路，表面安装器件 (SMC) 及应用先进加工工艺，所以新的系统结构更为紧凑，性能更强。

SIEMENS 数控系统目前广泛使用的主要有 802、810、840 等几种类型。

(三) 华中数控系统

我国华中数控系统有限公司成立于 1995 年，由华中理工大学、国家科技部等部门共同投资组建。华中数控系统主要包括：世纪星系列、小博士系列、华中Ⅰ型和华中 2000 系列。其中华中—2000 型高性能数控系统，是面向 21 世纪的新一代数控系统。

目前使用的数控系统还有日本的马扎克（MAZAK）、三菱、西班牙的发格 Fagor、北京凯恩帝、大连大森及广州数控等。

二、数控机床

数字控制机床简称数控机床，是采用数字控制技术对机床的加工过程进行自动控制的一类机床。

数控机床把机械加工过程中的各种控制信息用代码化的数字表示，通过信息载体输入数控系统。经运算处理由数控系统发出各种控制信号，控制机床的动作，按图纸要求的形状和尺寸，自动地将零件加工出来。因此，数控机床是一种柔性的、高效能的自动化机床，代表了现代机床控制技术的发展方向。

第三节　数控加工的基本过程

图 1－1 是一个奥运会的纪念徽牌，通过对其加工可以使读者了解数控加工的基本过程。

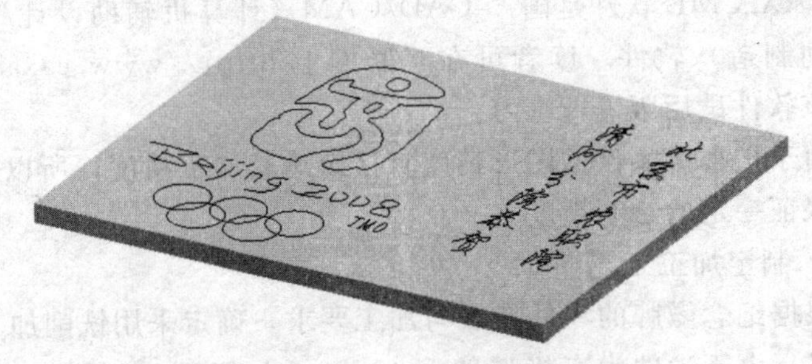

图 1－1　奥运纪念徽牌

1. 绘图（建模）

利用北京北航海尔软件公司的 CAXA ME 软件，绘制纪念徽牌图形（见图 1－2）。

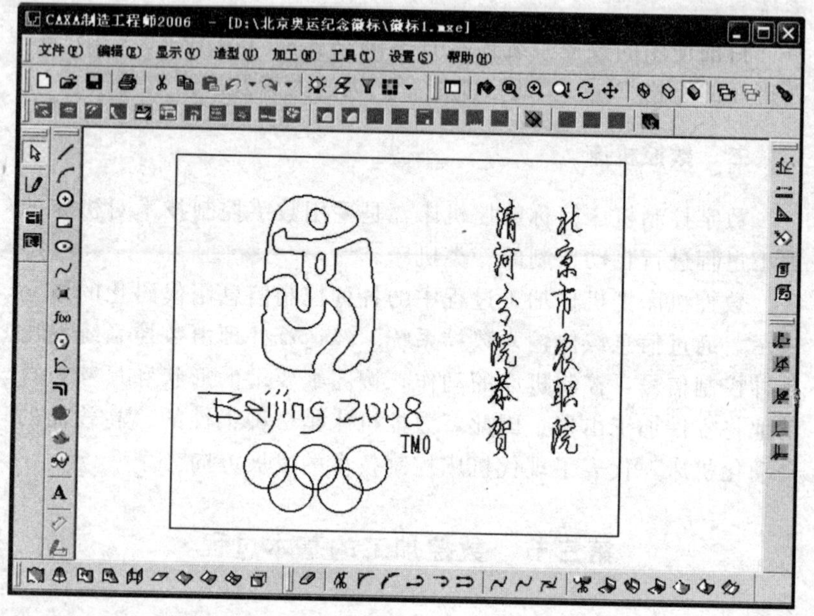

图 1-2 纪念徽牌图形绘制

CAXA ME 软件是国产 CAD/CAM（计算机辅助设计/计算机辅助制造）软件。读者可在互联网上 http://www.caxa.com 下载该软件试用版进行练习。

由于被加工零件的图形精度直接影响其加工精度，所以作图时要保证一定的绘制精度。

2. 制定加工工艺

根据纪念徽牌的零件特点与加工要求，确定采用铣削加工。

(1) 由于工件为有机玻璃，(100mm×100mm×20mm) 较薄，采用通用夹具压板将工件装夹在机床工作台上。

(2) 根据工件加工特点及质量要求，铣削形式确定为曲线式铣槽加工。据此分别确定刀具参数、加工参数、下刀方式及切削用量（见图 1-3）。

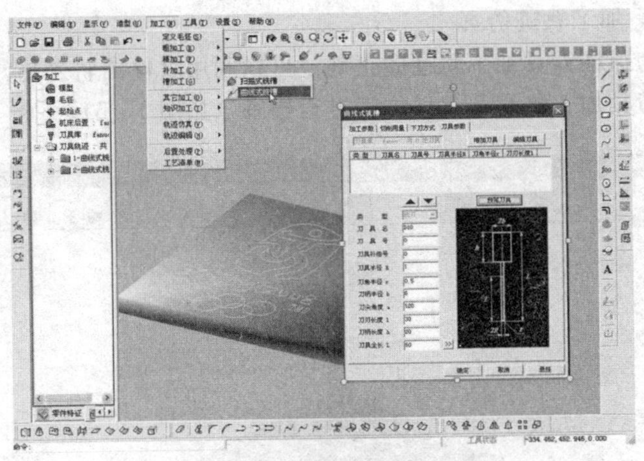

图 1-3　加工参数确定

3. 形成刀具的加工轨迹（加工路线）

根据工件加工要求，确定刀具轨迹控制参数后，依次用鼠标拾取工件图形的各条轮廓线，软件将自动生成刀具的加工轨迹（见图 1-4）。

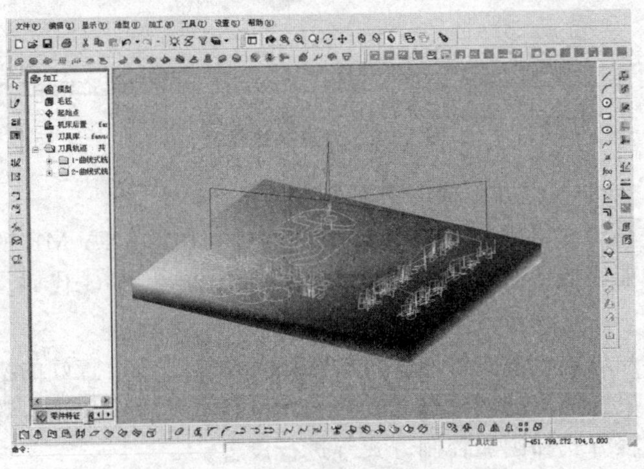

图 1-4　刀具加工轨迹的生成

4. 加工轨迹仿真

为保证刀具加工轨迹的正确，可以利用软件的轨迹仿真功能进行刀具加工路线及工件加工过程检查（见图 1-5）。

图 1-5 刀具轨迹仿真

5. 自动编程并生成 G 代码（见图 1-6）

刀具的加工轨迹检查无误后，即可利用 CAXA ME 的自动编程功能完成工件加工程序的自动编制，并生成 G 代码。其过程如下：

（1）后置设置：针对特定的机床，结合已经设置好的机床配置，对后置输出的程序格式，如程序段行号、程序大小、数据格式、编程方式和圆弧控制方式等进行设置。

（2）生成 G 代码：将刀具轨迹生成 G 代码数据文件，即

CNC 数控程序。

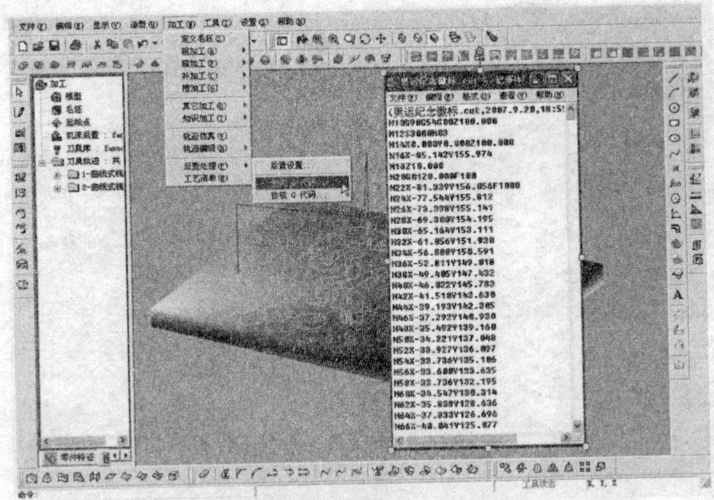

图 1－6　生成数控加工程序

6. 将加工程序输入数控铣床（见图 1－7）

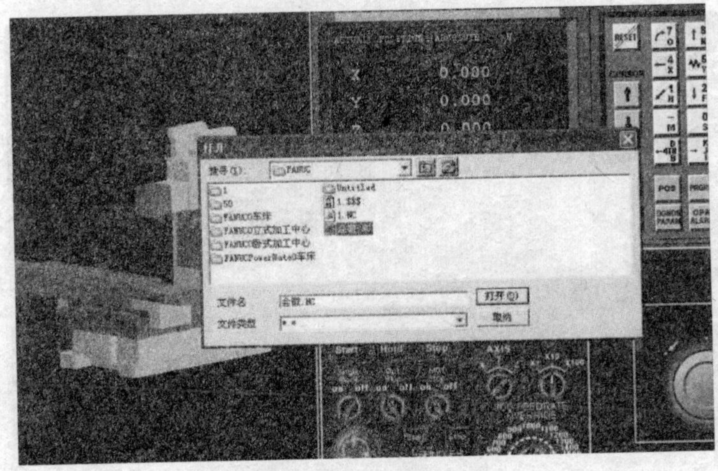

图 1－7　输入加工程序

7. 装夹工件、刀具并完成对刀后进行加工（见图 1-8）

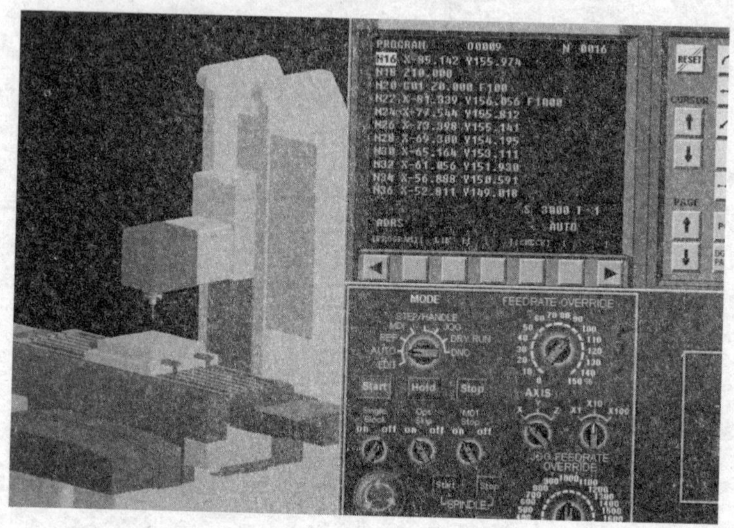

图 1-8　数控机床加工

8. 完成加工（见图 1-9）

图 1-9　完成数控加工

从以上奥运徽牌的加工过程可以看出，数控加工过程主要由以下部分组成：

(1) 选择并确定进行数控加工的内容，如奥运徽牌的图形加工。

(2) 制定工艺方案，如奥运徽牌铣削形式的确定，刀具与夹具的选择以及切削参数的确定等。

(3) 编制加工程序，如奥运徽牌加工程序的编制。编制加工程序可以采用自动编程或手工编程，由于奥运徽牌图形比较复杂，故采用了自动编程。手工编程仅适用于简单零件的加工程序编制。

(4) 向数控机床输入加工程序，正确操作机床，完成加工及精度检验。

第四节　数控加工的仿真实践

学习数控加工，实践过程是必不可少的。但农村青年受条件限制，缺少必要的实践场所，同时数控机床属高技术产品，学生直接在数控机床上进行操作练习，容易因为误操作导致昂贵设备损坏，且实训费用较高。因此采用数控加工仿真系统完成实践教学环节是十分必要的。

目前，我国的数控加工仿真系统主要有南京斯沃软件技术有限公司开发的斯沃数控加工仿真系统、北京菲克科技有限责任公司开发的菲克数控加工仿真系统和上海宇龙软件工程有限公司开发的宇龙数控加工仿真系统。三种数控加工仿真系统都具有良好的使用性能，读者可以在相应网址下载其中的任一种。以学习、使用数控加工仿真系统，并利用其完成数控加工的实际操作练习。

一、数控加工仿真系统的主要功能

（一）数控机床及数控系统的选择

数控加工仿真系统都可以进行多种数控机床及数控系统的选择（见图 1－10）。

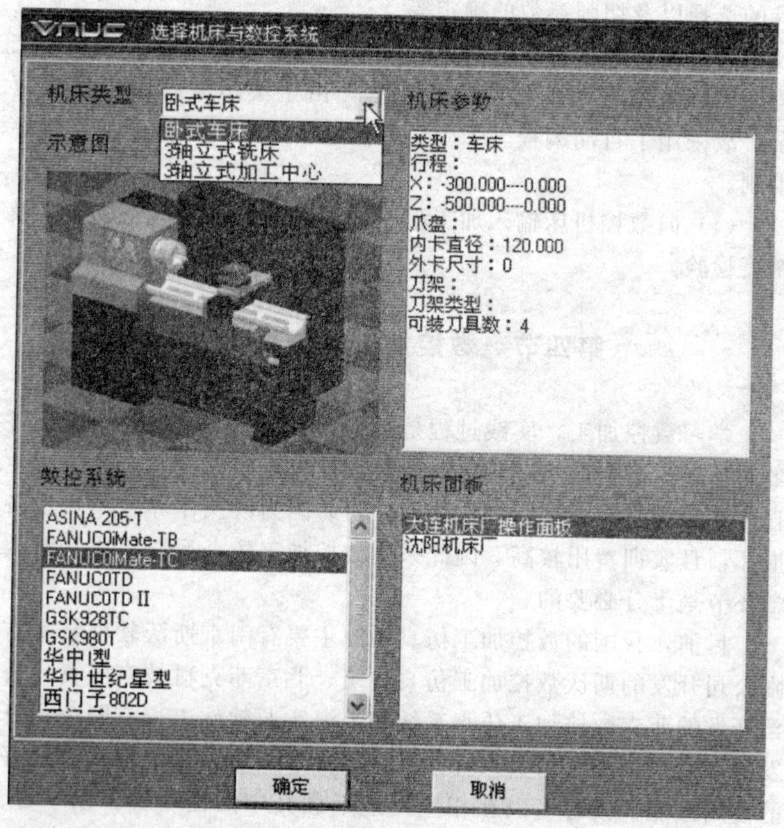

图 1－10　数控机床及数控系统选择

功能强大的数控加工仿真系统都有数控车床、数控铣床及加工中心供选择。同时根据需要可以为机床选配各种数控系统。例如南京斯沃数控加工仿真系统就有八大类，28 个系统，64 个控制面板供选择。

各种数控加工仿真系统的控制面板都与实际加工中使用的控制面板相同。这样可以使仿真加工操作和实际机床操作相一致进而保证了实践操作效果。（图 1－11）

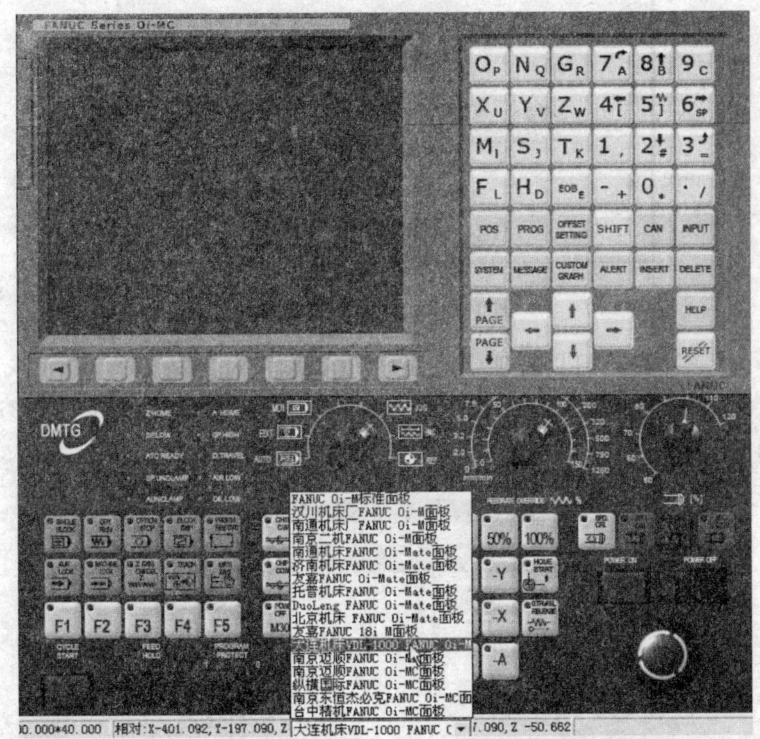

图 1－11　大连机床厂 VDL－1000 FANUC 0iM 控制面板

（二）机床参数设置

数控机床及数控系统选择完成后，就可以对机床参数进行设置。参数设置包括：机床操作、编程、环境变量及速度控制（图 1－12）。

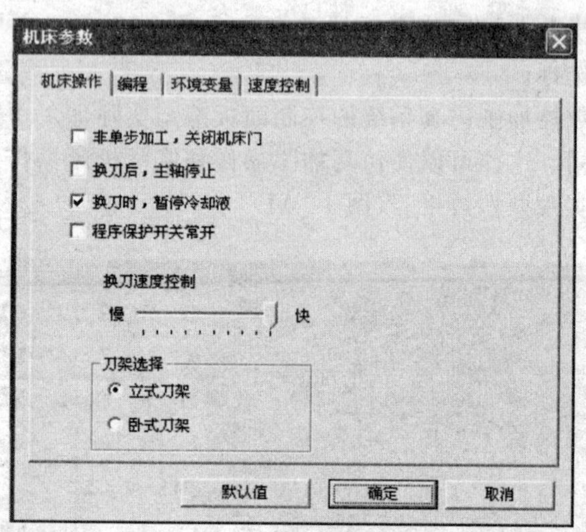

图 1－12　机床参数设置

（三）机床刀具管理

数控加工仿真系统都具有刀库和刀具管理功能（图 1－13；图 1－14）

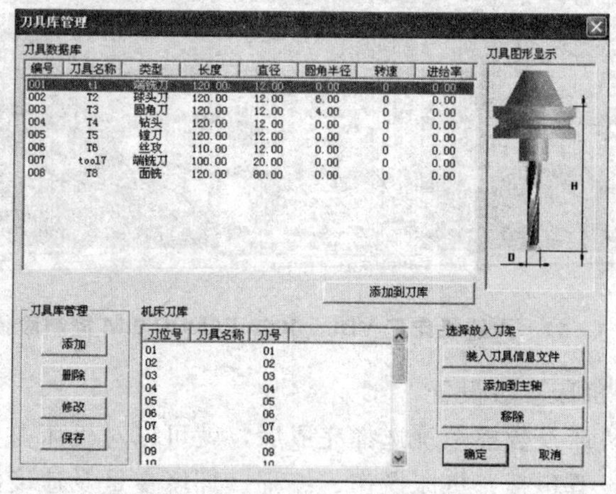

图 1－13　刀具库管理（铣）

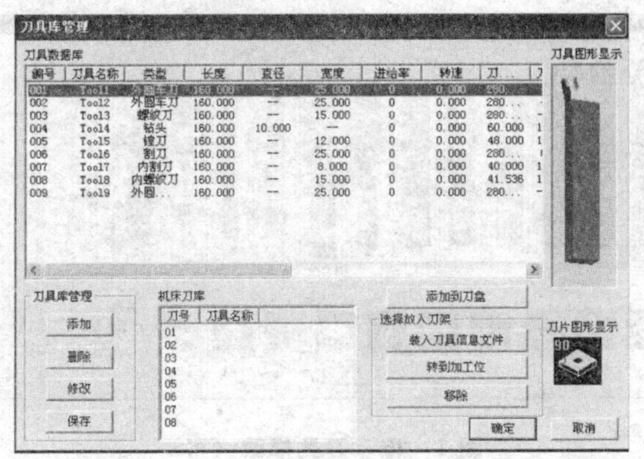

图 1－14　刀具库管理（车）

利用刀具管理功能，可对刀库进行如下操作：

1. 铣（图 1－15）

（1）输入刀具号。

（2）输入刀具名称。

（3）可选择端铣刀、球头刀、圆角刀、钻头、镗刀。

（4）可定义直径、刀杆长度、转速、进给率。

（5）选确定，即可添加到刀具管理库。

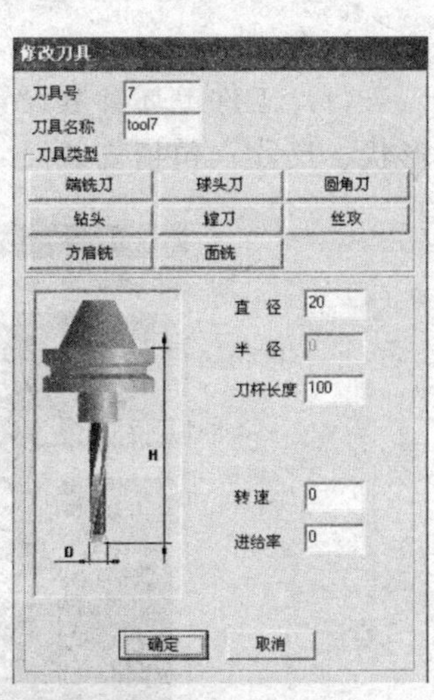

图 1－15　刀具修改（铣）

2. 车（图 1－16）

（1）输入刀具号。

（2）输入刀具名称。

（3）可选择外圆车刀、割刀、内割刀、钻头、镗刀、丝攻、螺纹刀、内螺纹刀、内圆刀。

（4）可定义各种刀片、刀片边长、厚度。

（5）选确定，即可添加到刀具管理库。

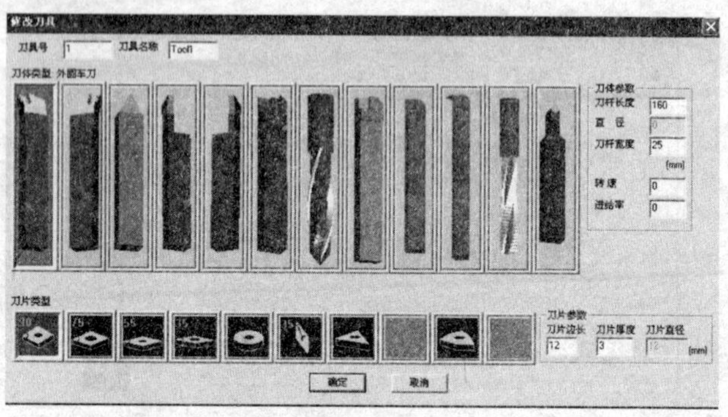

图 1-16 刀具修改（车）

（四）工件毛坯参数设置及装夹

1. 铣削

（1）工件毛坯参数设置（图 1-17）。可以设置毛坯的材料、形状、尺寸（包括安装尺寸）。

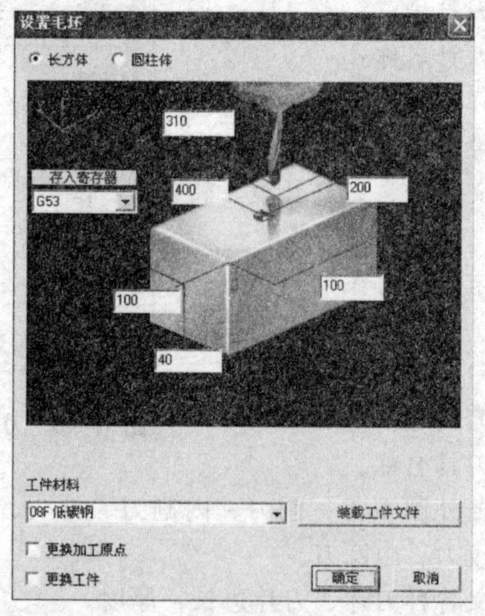

图 1-17 工件毛坯参数设置

(2) 装夹方式选择（图 1－18）。装夹方式包括直接装夹［图 1－18（a)］；工艺板装夹［图 1－18（b)］和平口钳装夹［图 1－18（c)］。

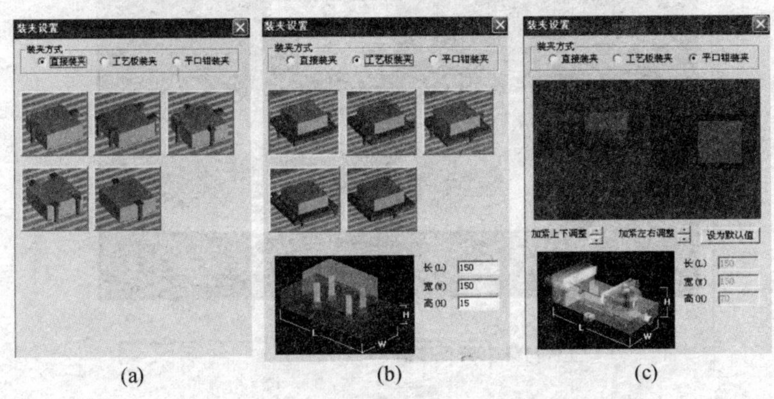

(a)　　(b)　　(c)

图 1－18　工件装夹方式选择

(3) 工件装夹位置调整（图 1－19）。通过工件装夹位置调整，可以按加工要求调整工件在机床工作台上的安装位置。

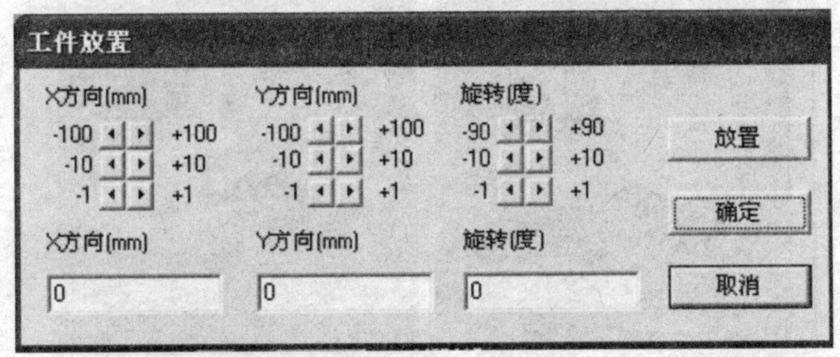

图 1－19　工件装夹位置调整

2. 车削

(1) 工件毛坯参数设置（图 1－20）。可以设置毛坯的材料、形状、尺寸。

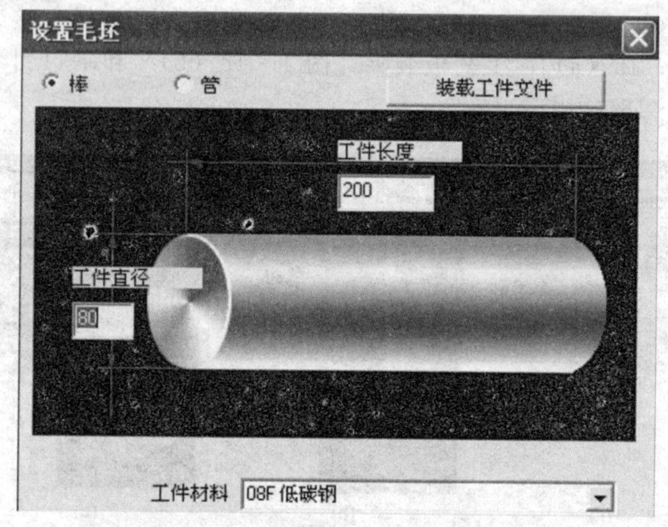

图 1 - 20　工件毛坯参数设置

(2) 装夹方式选择(图 1 - 21)。

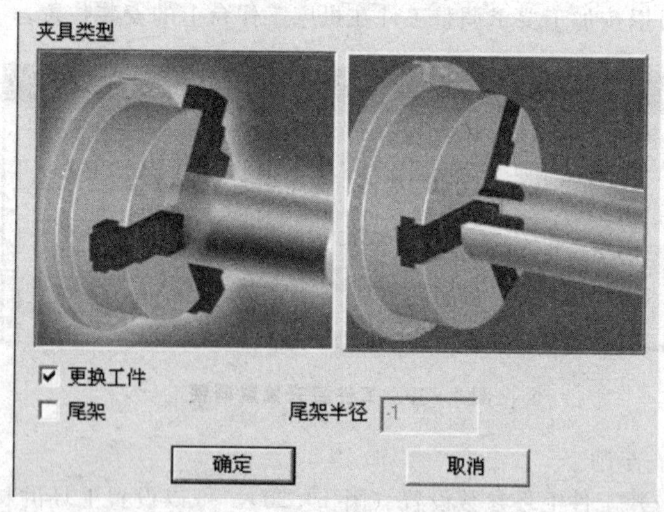

图 1 - 21　装夹方式选择

（五）仿真切削加工

前一节中的奥运会纪念徽牌的切削加工，就是在数控加工仿真系统中完成的。（见图 1-7、图 1-8、图 1-9）

（六）虚拟工件测量

虚拟工件测量有三种方式：（1）特征点；（2）特征线；（3）粗糙度分布。可以准确测量工件的几何形状及粗糙度（图 1-22）。

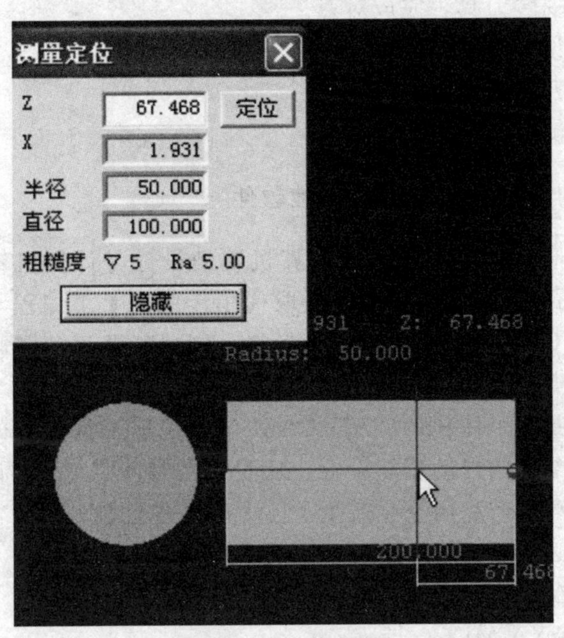

图 1-22 工件测量

除以上功能外，数控加工仿真系统还可以对工件的加工工艺和加工质量进行分析，并能通过 RS232 等通信接口，直接控制数控机床的加工。

二、数控加工仿真系统的基本操作过程

各种数控加工仿真系统，尽管其界面风格各不相同，但其加

工操作过程基本一致，主要包括：

（1）选择机床及数控系统。

（2）机床回零。

（3）安装零件。

（4）输入加工程序。

（5）检查刀具运行轨迹。

（6）安装刀具，完成对刀。

（7）设置加工参数。

（8）开始自动加工。

（9）测量与分析。

三、与数控加工有关的其他软件

在当前的数控加工中，计算机辅助设计与计算机辅助制造（CAD/CAM）已在很大程度上取代了传统的手工编程与人工调整。采用 CAD/CAM 技术已成为整个制造行业当前和将来技术发展的重点。

设计制造一体化的 CAD/CAM 可以完成工件加工的自动编程与加工参数的自动智能设置，从而大大缩短了产品的设计制造周期，提高了产品质量，产生了巨大的经济效益。所以，学习数控加工就必须要了解、学习常用的 CAD/CAM 软件。

1. CAXA EB

2. CAXA ME

3. Mastercam X

4. Pro/Engineer

第二章　数控机床与刀具

本课题是学习数控机床的开篇，它能使你对数控机床组成与分类、数控机床的特点有个大概的了解，同时你可以了解到加工制造领域中先进的制造技术，使你直通数控学习的殿门。

第一节　数控机床的组成及分类

一、数控机床的组成

数控机床的种类很多，但任何一种数控机床都由加工程序、输入装置、数控系统、伺服系统、辅助控制装置、反馈系统及机床本体组成。如图 2－1 所示。

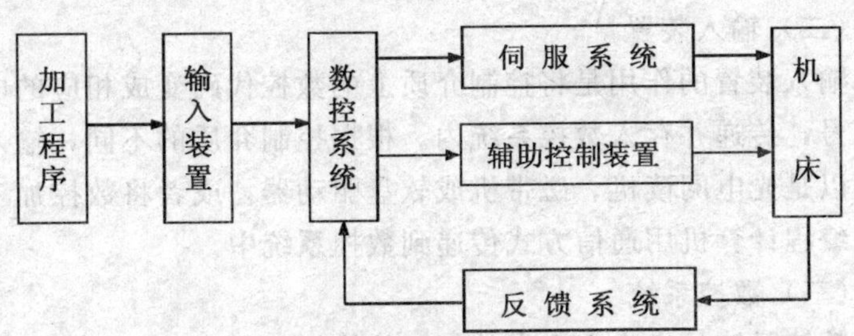

图 2－1　数控机床的基本组成

（一）加工程序

加工程序存储着加工零件所需的全部操作信息和刀具相对工件的位移信息等。加工程序可存储在控制介质上。控制介质有多种形式，常用的有穿孔纸带、穿孔卡、磁带、磁盘等。随着 CAD/CAM 技术的发展，大多 CNC 设备利用 CAD/CAM 软件在其他计算机上编程。如图 2－2 所示的程序样本。

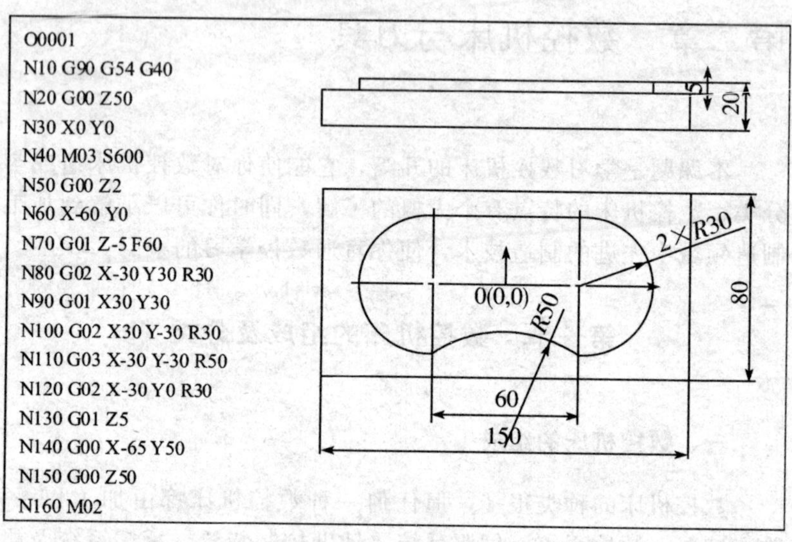

图 2-2 程序样本

（二）输入装置

输入装置的作用是将控制介质上的数控代码变成相应的电脉冲信号，传递并存入数控系统内。根据控制介质的不同，输入装置可以是光电阅读机、磁带机或软盘驱动器，或者将数控加工程序由编程计算机用通信方式传递到数控系统中。

（三）数控系统

数控系统是机床实现自动加工的核心，是整个数控机床的灵魂所在。主要由输入装置、监视器、主控制系统、可编程控制器、各类输入/输出接口等组成。主控制系统主要由 CPU、存储器、控制器等组成。数控系统的主要控制对象是位置、角度、速度等机械量，以及温度、压力、流量等物理量。其控制方式又可分为数据运算处理控制和时序逻辑控制两大类。其中主控制器内的插补模块就是根据所读入的零件程序，通过译码、编译等处理后，进行相应的刀具轨迹插补运算，并通过与各坐标伺服系统的位置、速度反馈信号的比较，从而控制机床各坐标轴的位移。而时序逻辑控制通常由可编程控制器 PLC 来完成，它根据机床加工过程中各个动作要求进行协调，按各检测信号进行逻辑判别，从而控制机床各个部件有条不紊地按顺序工作。

（四）伺服系统

伺服系统是数控系统和机床本体之间的电传动联系环节。主要由伺服电动机、驱动控制系统和位置检测与反馈装置等组成。伺服电动机是系统的执行元件，驱动控制系统则是伺服电动机的动力源。数控系统发出的指令信号与位置反馈信号比较后作为位移指令，再经过驱动系统的功率放大后，驱动电动机运转，通过机械传动装置带动工作台或刀架运动。

（五）辅助控制装置

辅助装置主要包括自动换刀装置 ATC（Automatic Tool Changer）、自动交换工作台机构 APC（Automatic Pallet Changer）、工件夹紧放松机构、回转工作台、液压控制系统、润滑装置、切削液装置、排屑装置、过载和保护装置等。

（六）反馈系统

测量元件将数控机床各坐标轴的位移指令值检测出来并经反馈系统输入到机床的数控装置中，数控装置对反馈回来的实际位移值与设定值进行比较，并向伺服系统输出达到设定值所需的位移量指令。

（七）机床主体

数控机床的主体指其机械结构实体。它与传统的普通机床相比较，同样由主传动系统、进给传动机构、工作台、床身以及立柱等部分组成，但数控机床的整体布局、外观造型、传动机构、工具系统及操作机构等方面都发生了很大的变化。

二、数控机床的分类

数控机床的品种很多，根据其加工、控制原理、功能和组成，可以从以下几个不同的角度进行分类：

（一）按加工工艺方法分类

1. 金属切削类数控机床

与传统的车、铣、钻、磨、齿轮加工相对应的数控机床有数控车床、数控铣床、数控钻床、数控磨床、数控齿轮加工机床等。尽管这些数控机床在加工工艺方法上存在很大差别，具体的控制方式也各不相同，但机床的动作和运动都是数字化控制的，具有较高的生产率和自动化程度。

2. 特种加工类数控机床

除了切削加工数控机床以外，数控技术也大量用于数控电火花线切割机床、数控电火花成型机床、数控等离子弧切割机床、数控火焰切割机床以及数控激光加工机床等。

3. 板材加工类数控机床

常见的应用于金属板材加工的数控机床有数控压力机、数控剪板机和数控折弯机等。近年来，其他机械设备中也大量采用了数控技术，如数控多坐标测量机、自动绘图机及工业机器人等。

（二）按控制运动轨迹分类

1. 点位控制数控机床

点位控制数控机床的特点是机床移动部件只能实现由一个位置到另一个位置的精确定位，在移动和定位过程中不进行任何加工。机床数控系统只控制行程终点的坐标值，不控制点与点之间的运动轨迹，因此几个坐标轴之间的运动无任何联系。可以几个坐标同时向目标点运动，也可以各个坐标单独依次运动。这类数控机床主要有数控坐标镗床、数控钻床、数控冲床、数控点焊机等。点位控制数控机床的数控装置称为点位数控装置，见图 2-3。

2. 直线控制数控机床

直线控制数控机床可控制刀具或工作台以适当的进给速度，沿着平行于坐标轴的方向进行直线移动和切削加工，进给速度根据切削条件可在一定范围内变化。直线控制的简易数控车床，只

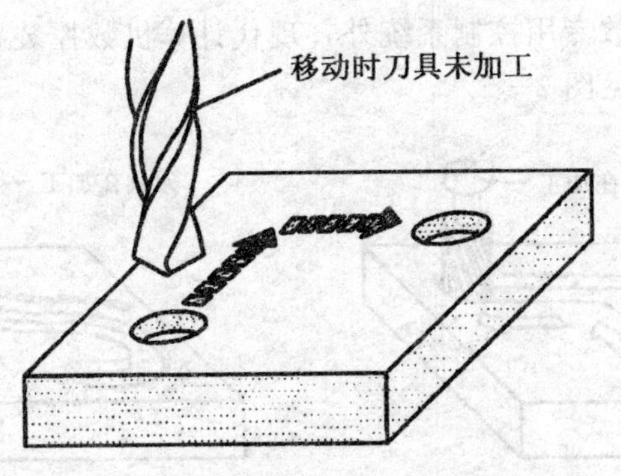

图 2－3 点位数控机床加工示意图

有两个坐标轴，可加工阶梯轴。直线控制的数控铣床，有三个坐标轴，可用于平面的铣削加工。现代组合机床采用数控进给伺服系统，驱动动力头带有多轴箱的轴向进给进行钻镗加工，它也可算是一种直线控制数控机床。数控镗铣床、加工中心等机床，它的各个坐标方向的进给运动的速度能在一定范围内进行调整，兼有点位和直线控制加工的功能，这类机床应该称为点位/直线控制的数控机床，见图 2－4。

3. 轮廓控制数控机床

轮廓控制数控机床能够对两个或两个以上运动的位移及速度进行连续相关的控制，使合成的平面或空间的运动轨迹能满足零件轮廓的要求。它不仅能控制机床移动部件的起点与终点坐标，而且能控制整个加工轮廓每一点的速度和位移，将工件加工成要求的轮廓形状。常用的数控车床、数控铣床、数控磨床就是典型的轮廓控制数控机床。数控火焰切割机、电火花加工机床以及数控绘图机等也采用了轮廓控制系统。轮廓控制系统的结构要比点位/直线控制系统更为复杂，在加工过程中需要不断进行插补运算，然后进行相应的速度与位移控制。现在计算机数控装置的控制功能均由软件实现，增加轮廓控制功能不会带来成本的增加。

因此，除少数专用控制系统外，现代计算机数控装置都具有轮廓控制功能，见图 2－5。

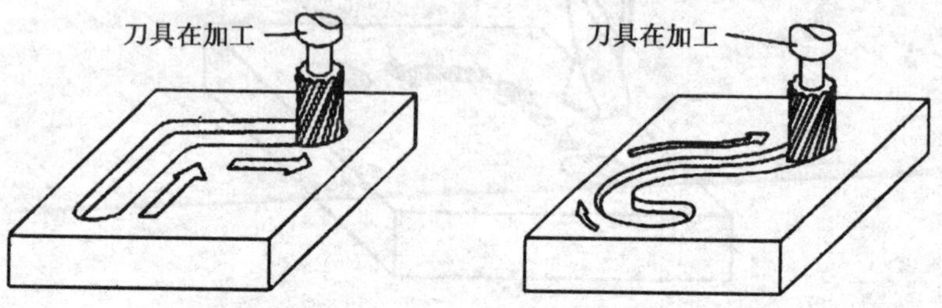

图2－4　直线数控机床加工示意图　**图2－5　轮廓数控机床加工示意图**

（三）按伺服控制的方式分类

1. 开环控制数控机床

图 2－6 所示的为开环控制数控机床系统框图。

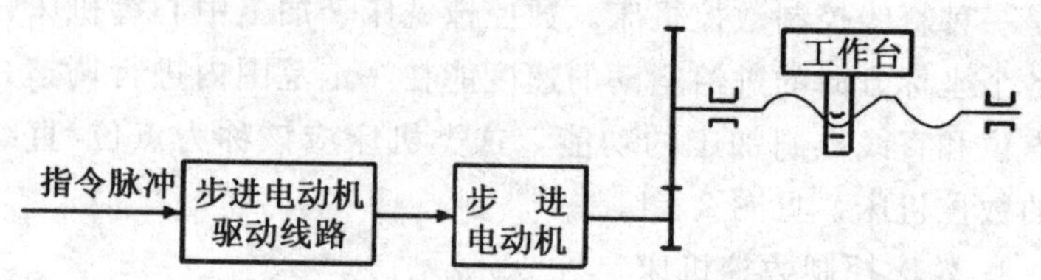

图2－6　开环控制数控机床的系统框图

开环控制系统的数控机床结构简单，成本较低。但是，系统对移动部件的实际位移量不进行监测，也不能进行误差校正。因此，步进电动机的失步、步距角误差、齿轮与丝杠等传动误差都将影响被加工零件的精度。开环控制系统仅适用于加工精度要求不很高的中小型数控机床，特别是简易经济型数控机床。

2. 闭环控制数控机床

图 2－7 所示的为闭环控制数控机床系统框图。

闭环控制数控机床的定位精度高，但调试和维修都较困难，系统复杂，成本高。

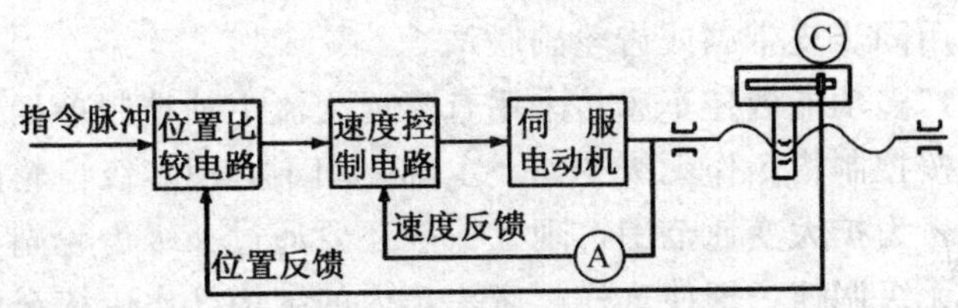

图 2-7　闭环控制数控机床的系统框图

3. 半闭环控制数控机床

图 2-8 所示的为半闭环控制数控机床的系统框图。

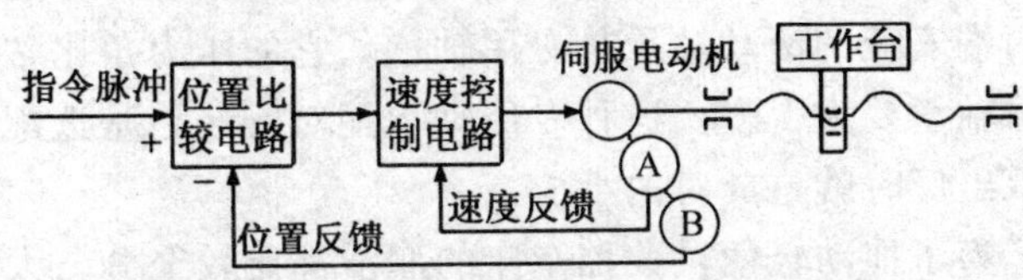

图 2-8　半闭环控制数控机床的系统框图

半闭环控制数控系统的调试比较方便，并且具有很好的稳定性。目前大多将角度检测装置和伺服电动机设计成一体，这样，使结构更加紧凑。

（四）按数控系统的功能水平分类

按数控系统的功能水平，通常把数控系统分为低、中、高三类。

第二节　数控车床及车削刀具

一、数控车床的结构

与传统车床相比，数控车床（见图 2-9）的结构有以下特点：

（1）由于数控车床刀架的两个方向运动分别由两台伺服电动机驱动，所以它的传动链短，不必使用挂轮、光杠等传动部件，用伺服电动机直接与丝杠联结带动刀架运动。伺服电动机丝杠间也可以用同步皮带副或齿轮副联结。

（2）多功能数控车床是采用直流或交流主轴控制单元来驱动主轴，按控制指令作无级变速，主轴之间不必用多级齿轮副来进行变速。为扩大变速范围，现在一般还要通过一级齿轮副，以实现分段无级调速，即使这样，床头箱内的结构已比传统车床简单得多。数控车床的另一个结构特点是刚度大，这是为了与控制系统的高精度控制相匹配，以便适应高精度的加工。

（3）数控车床的第三个结构特点是轻拖动。刀架移动一般采用滚珠丝杠副。滚珠丝杠副是数控车床的关键机械部件之一，滚珠丝杠两端安装的滚动轴承是专用轴承，它的压力角比常用的向心推力球轴承要大得多。这种专用轴承配对安装，是选配的，最好在轴承出厂时就是成对的。

（4）为了拖动轻便，数控车床的润滑都比较充分，大部分采用油雾自动润滑。

（5）由于数控机床的价格较高、控制系统的寿命较长，所以数控车床的滑动导轨也要求耐磨性好。数控车床一般采用镶钢导轨，这样机床精度保持的时间就比较长，其使用寿命也可延长许多。

（6）数控车床还具有加工冷却充分、防护较严密等特点，自动运转时一般都处于全封闭或半封闭状态。

（7）数控车床一般还配有自动排屑装置。

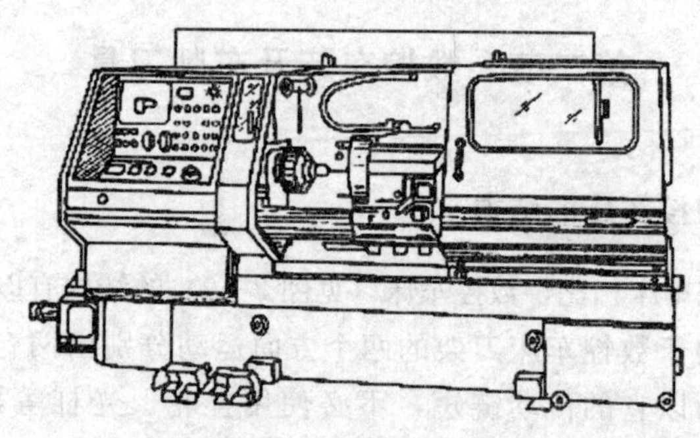

图 2-9　全功能型数控车床

二、数控车床的组成与布局

（一）数控车床的基本组成

如图 2－10 所示，数控车床由数控装置、床身、主轴箱、刀架进给系统、尾座、液压系统、冷却系统、润滑系统、排屑器等部分组成。

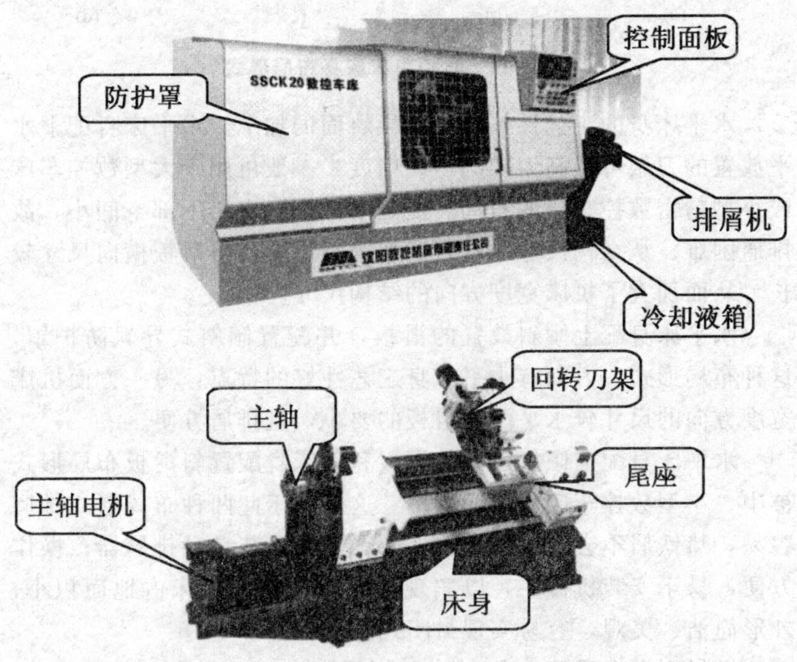

图 2－10　数控车床组成

（二）数控车床的布局

数控车床的床身结构和导轨有多种形式，主要有水平床身、倾斜床身、水平床身斜滑板及立床身等，其布局形式如图 2－11 所示：图 2－11(a)为平床身，图 2－11(b)为斜床身，图 2－11(c)为平床身斜滑板，图 2－11(d)为立床身。

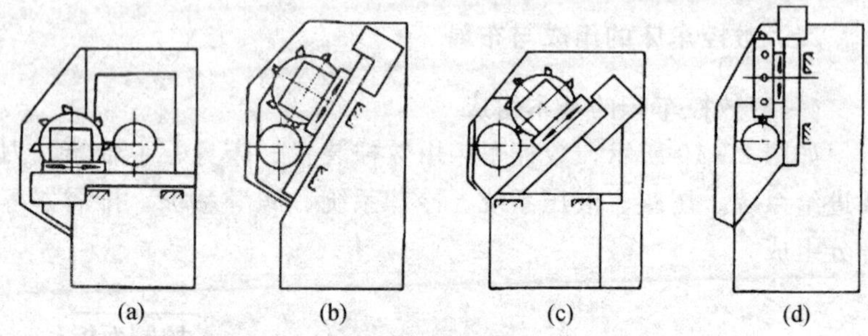

图 2－11　数控车床床身布局形式

水平床身的工艺性好，便于导轨面的加工。水平床身配上水平放置的刀架可提高刀架的运动精度，一般可用于大型数控车床或小型精密数控车床的布局。但是水平床身由于下部空间小，故排屑困难。从结构尺寸上看，刀架水平放置使得滑板横向尺寸较长，从而加大了机床宽度方向的结构尺寸。

水平床身配上倾斜放置的滑板，并配置倾斜式导轨防护罩，这种布局形式一方面有水平床身工艺性好的特点，另一方面机床宽度方向的尺寸较水平配置滑板的要小，且排屑方便。

水平床身配上倾斜放置的滑板和斜床身配置斜滑板布局形式被中、小型数控车床所普遍采用。这是由于此两种布局形式排屑容易，热铁屑不会堆积在导轨上，也便于安装自动排屑器；操作方便，易于安装机械手，以实现单机自动化；机床占地面积小，外形简洁、美观，容易实现封闭式防护。

倾斜床身多采用 30°、45°、60°、75°和 90°（称为立式床身）角，常用的有 45°、60°和 75°角。

三、数控车削刀具

（一）数控车床常用刀具类型

在数控车床上使用的刀具有外圆车刀、钻头、镗刀、切断刀、螺纹加工刀具等，其中以外圆车刀、镗刀、钻头最为常用。

数控车床使用的车刀、镗刀、切断刀、螺纹加工刀具均有焊接式和机夹式之分，除经济型数控车床外，目前已广泛使用机夹式车刀，它主要由刀体、刀片和刀片压紧系统三部分组成，如图 2－12 所示，其中刀片普遍使用硬质合金涂层刀片。

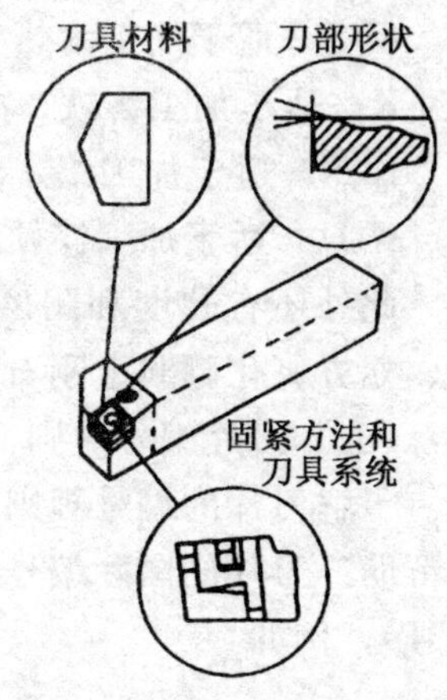

图 2－12 机夹式车刀组成

（二）刀具选择

在实际生产中，数控车刀主要根据数控车床回转刀架的刀具安装尺寸、工件材料、加工类型、加工要求及加工条件从刀具样本中查表确定，其步骤大致如下：

①确定工件材料和加工类型（外圆、孔或螺纹）；

②根据粗、精加工要求和加工条件确定刀片的牌号和几何槽形；

③根据刀架尺寸、刀片类型和尺寸选择刀杆。

常用的车削刀具有高速钢和硬质合金两大类。

高速钢通常是坯型材料，韧性较硬质合金好，硬度、耐磨性和红硬性较硬质合金差，不适于切削硬度较高的材料，也不适于进行高速切削。高速钢刀具使用前需生产者自行刃磨，且刃磨方便，适于各种特殊需要的非标准刀具。

硬质合金刀片切削性能优异，在数控车削中被广泛使用。硬质合金刀片有标准规格系列，具体技术参数和切削性能由刀具生产厂家提供。

硬质合金刀片按国际标准分为三大类：P—钢类，M—不锈钢类，K—铸铁类。

P—适于加工钢、铸铁、长屑可锻铸铁

M—适于加工奥氏体不锈钢、铸铁、高锰钢、合金铸铁等

M-S—适于加工耐热合金和钛合金

K—适于加工铸铁、冷硬铸铁、短屑可锻铸铁、非钛合金

K-N—适于加工铝、非铁合金

K-H—适于加工淬硬材料

此外还有硬度和耐磨性均超过硬质合金的刀具材料，如陶瓷、立方氮化硼和金刚石等。在此不再赘述。

（三）刀片编号规则

了解刀片的编号规则及符号含义对刀具的选择和使用有很大的帮助。刀片的国际编号通常由九个编号组成（包括第 8 和第 9 编号），例如

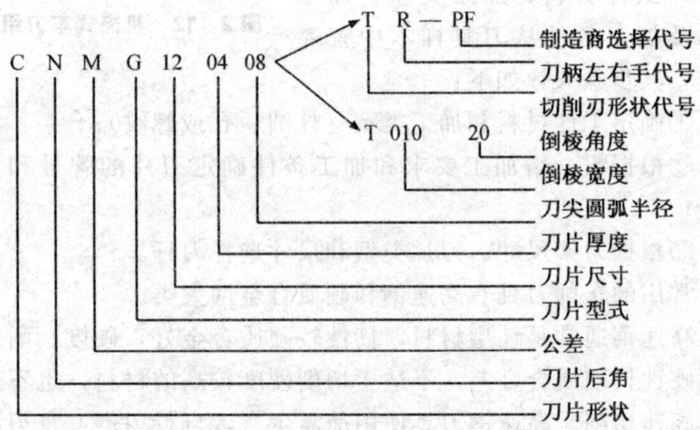

（四）刀具安装

如前选择好合适的刀片和刀杆后，首先将刀片安装在刀杆上，再将刀杆依次安装到回转刀架上，之后通过刀具干涉图和加工行程图检查刀具安装尺寸。

（五）刀具安装注意事项

在刀具安装过程中应注意以下问题：

①安装前保证刀杆及刀片定位面清洁，无损伤；

②将刀杆安装在刀架上时，应保证刀杆方向正确；

③安装刀具时需注意使刀尖等高于主轴的回转中心。

第三节　数控铣床、加工中心及铣削刀具

一、数控铣床的结构

数控铣床是在一般铣床的基础上发展起来的，两者的加工工艺基本相同，结构也有些相似，但数控铣床是靠程序控制的自动加工机床，所以其结构也与普通铣床有很大区别。

如图 2－13，数控铣床一般由数控系统、主传动系统、进给伺服系统、冷却润滑系统等几大部分组成：

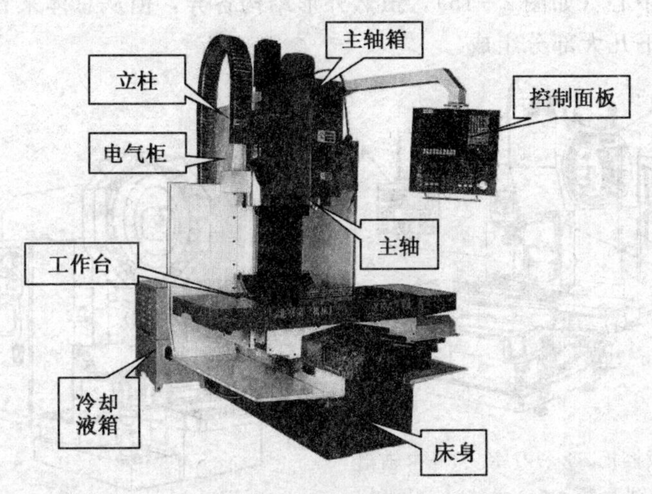

图 2－13　数控铣床的组成

（1）主轴箱　包括主轴箱体和主轴传动系统，用于装夹刀具并带动刀具旋转，主轴转速范围和输出扭矩对加工有直接的影响。

（2）进给伺服系统　由进给电机和进给执行机构组成，按照程序设定的进给速度实现刀具和工件之间的相对运动，包括直线

进给运动和旋转运动。

（3）控制系统　数控铣床运动控制的中心，执行数控加工程序控制机床进行加工。

（4）辅助装置　如液压、气动、润滑、冷却系统和排屑、防护等装置。

（5）机床基础件　通常是指底座、立柱、横梁等，它是整个机床的基础和框架。

二、数控加工中心的结构

加工中心自问世至今，世界各国出现了各种类型的加工中心，按机床形态不同可分为立式加工中心（如图 2－14）和卧式加工中心（如图 2－15），虽然外形结构各异，但从总体来看主要由以下几大部分组成。

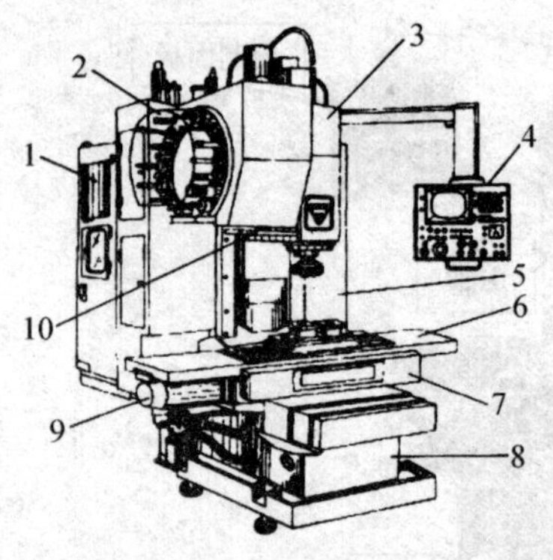

1—数控柜　2—刀库　3—主轴箱　4—操纵面板　5—立柱　6—纵拖板　7—横拖板　8—底座　9—伺服电动机　10—机械手

图 2－14　立式加工中心

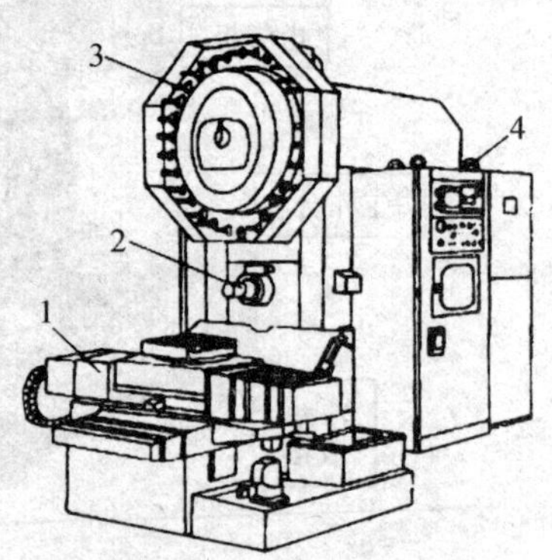

1—工作台　2—主轴　3—刀库　4—数控柜

图 2－15　卧式加工中心

（1）基础部件　它是加工中心的基础结构，由床身、立柱和工作台等组成，它们主要承受加工中心的静载荷以及在加工时产生的切削负载，因此必须要有足够的刚度。这些大件可以是铸铁件也可以是焊接而成的钢结构件，它们是加工中心中体积和重量最大的部件。

（2）主轴部件　由主轴箱、主轴电动机、主轴和主轴轴承等零件组成。主轴的启、停和变速等动作均由数控系统控制，并且通过装在主轴上的刀具参与切削运动，是切削加工的功率输出部件。

（3）数控系统　加工中心的数控部分是由 CNC 装置、可编程控制器、伺服驱动装置以及操作面板等组成。它是执行顺序控制动作和完成加工过程的控制中心。

（4）自动换刀系统　由刀库、机械手等部件组成。当需要换刀时，数控系统发出指令，由机械手（或通过其他方式）将刀具从刀库内取出装入主轴孔中。

（5）辅助装置　包括润滑、冷却、排屑、防护、液压、气动和检测系统等部分。这些装置虽然不直接参与切削运动，但对加工中心的加工效率、加工精度和可靠性起着保障作用，因此也是加工中心中不可缺少的部分。

三、数控铣削刀具

（一）数控铣削刀具的选择

1. 铣刀类型的选择

铣刀类型应与被加工工件的尺寸与表面形状相结合。加工较大平面应该选择面铣刀；加工凸台、凹槽及平面轮廓应选择立铣刀；加工毛坯表面或粗加工孔可选择镶硬质合金的玉米铣刀；加工曲面常采用球头铣刀；加工曲面较平坦的部位常采用环形铣刀；加工空间曲面、模具型腔或凸模成形表面多选用模具铣刀；加工封闭的键槽选择键槽铣刀。图 2－16 所示为各种铣刀的形状。图 2－17 所示是铣削加工时工件形状和刀具形状的关系举例。

(a) 球头刀

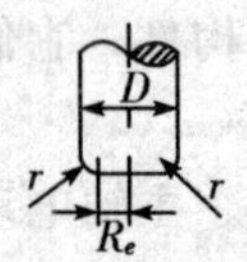

(b) 环形刀

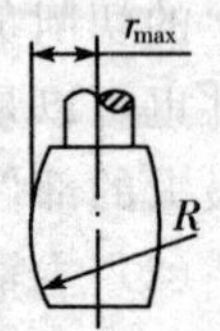

(c) 鼓形刀

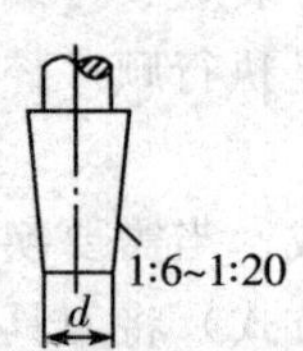

(d) 锥形刀

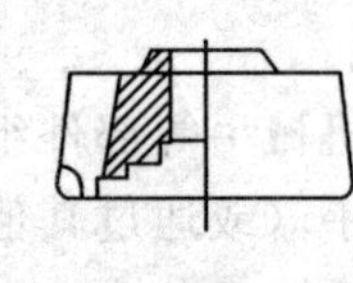
(e) 盘形刀

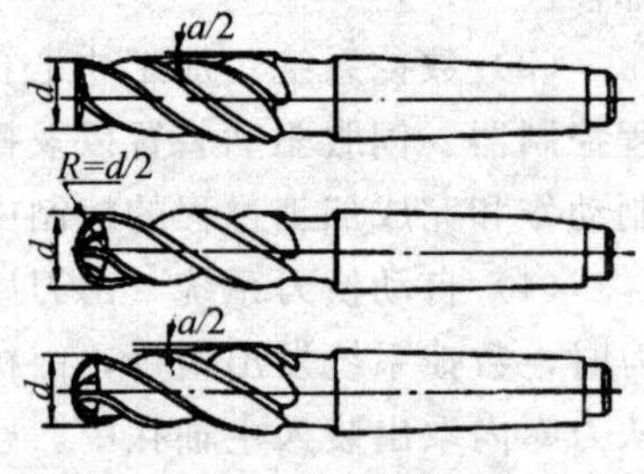

(f) 模具铣刀

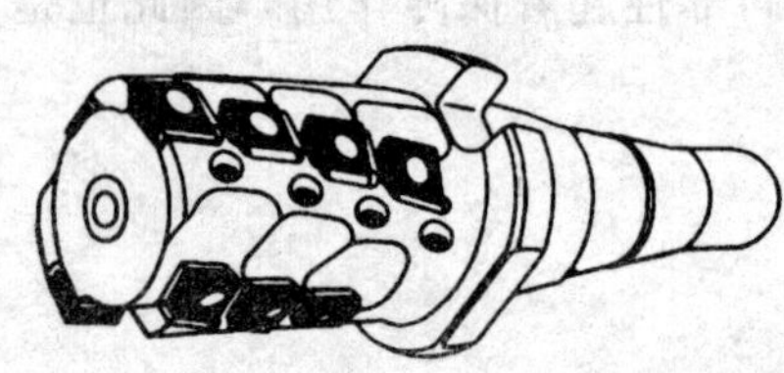
(g) 可转位硬质合金玉米铣刀

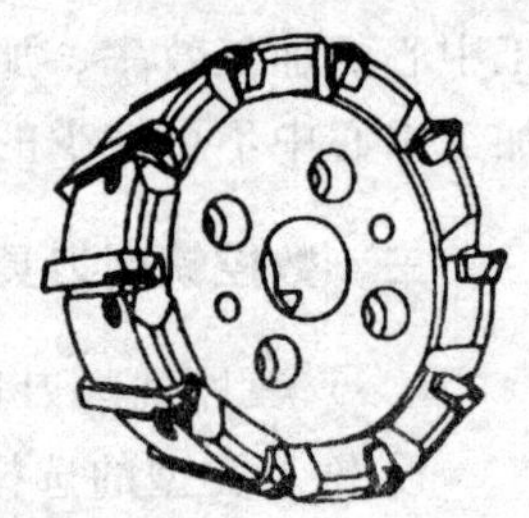
(h) 面铣刀

图 2－16　各种铣刀的形状

2. 铣刀参数的选择

(1) 面铣刀主要参数的选择

可转位面铣刀的直径为 ϕ16～ϕ630mm。粗铣时，铣刀直径应小些，精铣时，铣刀直径应大些，尽量包容工件的整个加工宽度。因为铣削加工时冲击力较大，所以刀具前角应小些，硬质合金刀具的前角应更小。铣削加工强度和硬度高的工件材料可选用负前角。面铣刀的磨损主要发生在后刀面上，因此后角应更大些。

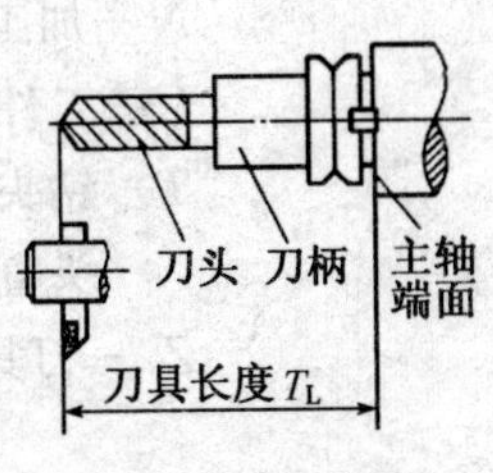

图 2－17 刀具长度

(2) 立铣刀主要参数的选择

根据工件的材料、刀具的加工性质，立铣刀的参数与刀具角度的选取如表 2－1 所示。

表 2－1 立铣刀前角后角的选择

工件材料	前角	铣刀直径	后角
钢	10°～20°	小于 10mm	25°
铸铁	10°～15°	10～20mm	20°
铸铁	10°～15°	大于 20mm	26°

(3) 刀具长度尺寸的确定

刀具长度一般是指主轴端面至刀尖的距离。其中包括刀柄和刀具两部分（见图 2－17）。刀具长度的确定原则是：在满足各个部位加工要求的前提下，尽量减小刀具长度，以便提高工具系统的刚性。

制定加工工艺和编制程序时，一般只需初步估算出刀具长度的范围，以方便刀具的准备。刀具长度的确定是根据工件尺寸、工件在工作台上的装夹位置以及机床主轴端面距工作台面或距工作台中心的最大、最小距离等条件来决定的。

加工部位在机床工作台中心和机床主轴之间，如图 2－18 所示。刀具选取的最小长度为：

$$T_L = A - B - N + L + T + Z_0$$

式中：T_L—刀具长度；

A—主轴端面至工作台中心最大距离；

B—主轴在 Z 向的最大行程；

N—加工表面距工作台中心距离；

L—工件的加工深度尺寸；

T—钻头尖端锥度部分长度，一般取 $T=0.3d$（d 为钻头直径）；

Z_0—刀具切出工件的长度，一般取 $Z_0=3\sim8$mm。

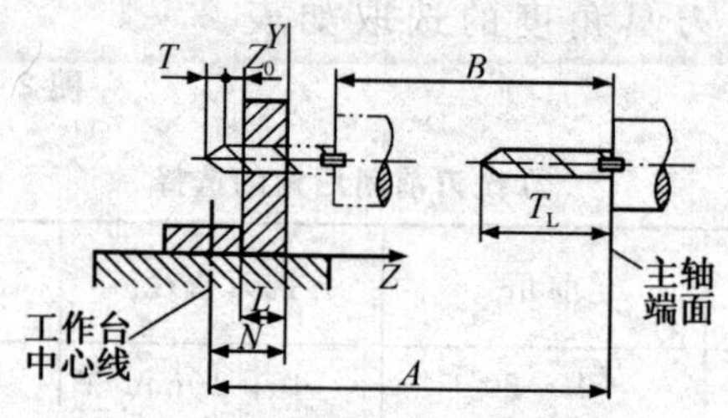

图 2－18　刀具长度的确定

第三章　数控加工工艺

数控加工工艺是采用数控机床加工零件时所运用的各种方法和技术手段的总和，应用于整个数控加工工艺过程。数控加工工艺是伴随着数控机床的产生、发展而逐步完善起来的一种应用技术，它是人们大量数控加工实践的经验总结。它的目的是以最合理或较合理的工艺过程和操作方法，指导编程和操作人员完成程序编制和加工任务。数控加工工艺过程是利用切削刀具在数控机床上直接改变加工对象的形状、尺寸、表面位置、表面状态等，使其成为成品或半成品的过程。

第一节　数控加工工艺分析的内容

一、零件图的工艺性分析

（一）零件图分析

1. 分析零件图纸中的尺寸标注方法是否适应数控加工的特点

对数控加工来说，最好是以同一基准标注尺寸或直接给出坐标尺寸，如图 3－1(a)所示，因为这样标注既便于尺寸之间的相互协调，也便于编程。但由于零件设计人员往往在尺寸标注中较多考虑装配等使用要求，而不得不采用局部分散的标注方法，如图 3－1(b)这样标注给数控加工带来很多不便。因为数控加工的精度及重复定位精度都很高，不会因产生较大的积累误差而破坏使用性能，因而可将局部的分散标注改为同一基准标注或直接给出坐标尺寸的标注法。

2. 分析零件图的完整性与正确性

由于零件设计人员存在难以避免的考虑不周，常常遇到构成

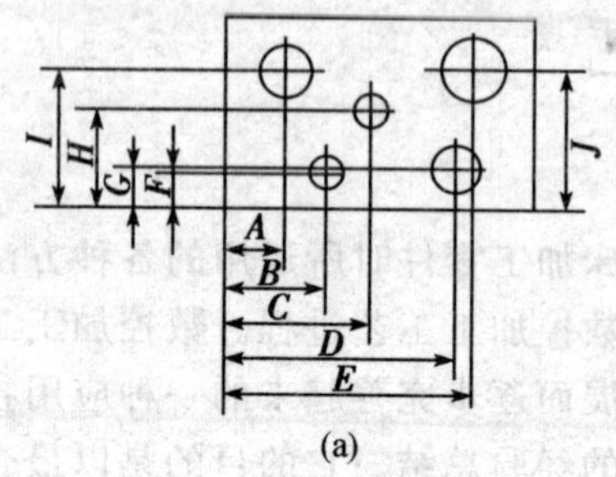

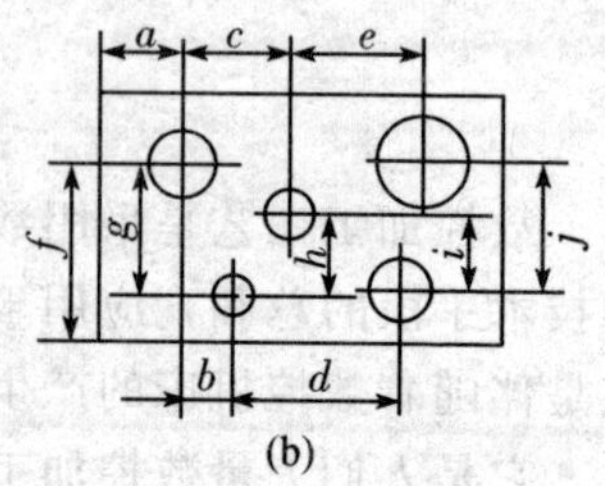

图 3-1　零件尺寸标注的分析

零件轮廓的几何要素的条件不充分或多余的现象。如圆弧与直线、圆弧与圆弧到底是相交还是相切，有的画成相切，但根据图纸给出的尺寸计算却不是相切等等。因为在手工编程时要计算出每一个节点的坐标；自动编程要对构成零件的所有几何要素进行定义，因此无论哪一条件不明确，编程都无法进行。因此审核、分析图纸时，要仔细认真，发现问题应及时找设计人员更改。

3. 分析零件图的技术要求

零件的技术要求主要指尺寸精度、形状、位置精度、表面粗糙度、热处理等。只有认真分析了技术要求，才能制定合理的零件加工工艺流程。这些要求在保证零件的使用性能的前提下，应经济合理。过高的技术要求会使工艺过程复杂、加工困难、成本提高。

（二）零件结构工艺性分析

零件的结构工艺性是指所设计的零件在满足使用要求的前提下制造的可行性和经济性。良好的结构工艺性，可以使零件加工容易，节省工时和材料。而较差的零件结构工艺性，会使加工困难，浪费工时和材料，有时甚至无法加工。下面是数控加工零件结构工艺性分析应注意的几个问题：

1. 零件的内腔和外形最好采用统一的几何类型和尺寸，这样可以减少刀具规格和换刀次数，有利于编程和提高生产效率。

2. 铣削零件的底平面时，槽底圆角半径不要过大。如图 3-2 所示，铣刀端面刃与铣削平面的最大接触直径 $d = D-2r$（D 为铣刀直径，r 为槽底圆角半径），当 D 一定时，r 越大，铣刀端面刃铣削平面的面积越小，加工平面的能力就越差，效率越低，工艺性也越差。当 r 大到一定程度时，甚至必须用球头铣刀加工，这是应该尽量避免的。

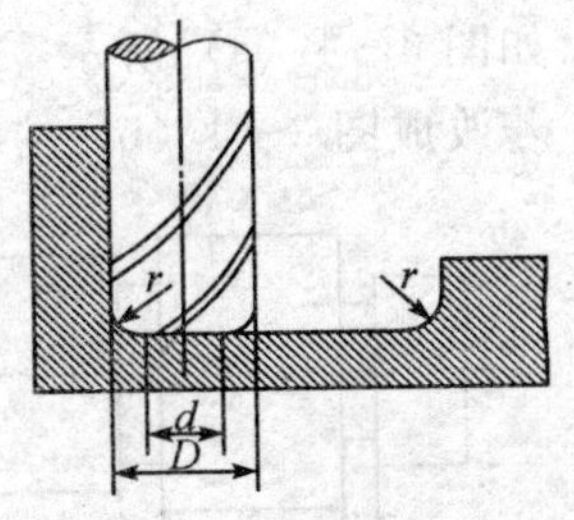

图 3-2　零件槽底平面圆弧对加工工艺的影响

3. 内槽圆角的大小决定着刀具直径的大小，所以内槽圆角半径不应太小。如图 3-3 所示零件，其结构工艺性的好坏与被加工轮廓的高低、转角圆弧半径的大小等因素有关。图 3-3（b）转角圆弧半径大，可以采用较大直径的立铣刀来加工。加工平面时，进给次数也相应减少，表面加工质量也较好，因而结构工艺性较好。图 3-3（a）则工艺性不好，设计时应避免。

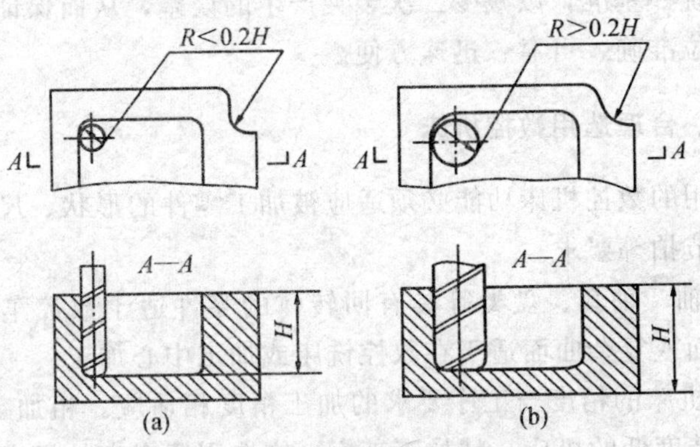

图 3-3　内槽结构工艺性的对比

4. 相同的结构尽量采用相同的尺寸

在不影响零件使用性能的前提下，为了减少刀具的数量和换刀时间并且少占用刀架刀位，相同的结构尽量采用相同的尺寸。

如图 3-4（a）所示零件，切槽时需用三把不同宽度的切槽刀，若改成图 3-4（b）的结构，则减少了刀具又节省了换刀时间。

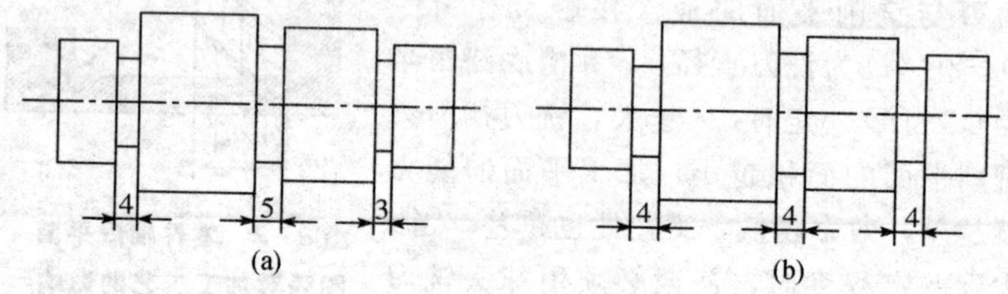

图 3-4 结构工艺性示例

5. 保证基准统一

在数控加工中若没有统一的定位基准，则会因工件的二次装夹而造成加工后两个面上的轮廓位置及尺寸不协调现象。另外，零件上最好有合适的孔作为定位基准孔。若没有，则应设置工艺孔作为定位基准孔。若无法制出工艺孔，最起码也要用精加工表面作为统一基准，以减少二次装夹产生的误差，从而保证数控加工的定位准确、可靠、迅速方便。

二、合理选用数控机床

选用的数控机床功能必须适应被加工零件的形状、尺寸精度和生产节拍等要求。

1. 轴、轴套、盘类等具有回转体的零件适于数控车床上加工，平面或复杂曲面适于在数控铣床或加工中心加工。

2. 机床的精度与工序要求的加工精度相适应。粗加工工序，应选用精度低的机床；精加工工序，应选用精度高的机床。但机床的精度不能过低，也不能过高。机床精度过低，不能保证零件的加工精度；过高会增加零件的制造成本。

3. 根据加工对象的批量和节拍来决定一台还是几台数控机床；是选择柔性加工单元、柔性制造系统还是选择柔性生产线、专用机床和专用生产线来完成加工。

总的来说，机床的选用应满足：(1) 保证加工零件的技术要求，能够加工出合格产品；(2) 能够提高生产率；(3) 可以降低生产成本。

三、数控加工工艺路线的设计

数控加工工艺设计与普通加工工艺设计相似。首先选择定位基准；再确定所有加工表面的加工方法和加工方案；然后安排所有工步的加工顺序，即进行工序划分，同时要确定定位和夹紧方式、选择刀具、走刀路线、对刀点和换刀点、确定切削用量等等。

(一) 选择定位基准

选择定位基准是否正确会直接影响数控加工零件的加工精度，还会影响夹具结构的复杂程度等。粗基准、精基准、辅助基准的选择应分别遵循以下原则：

1. 粗基准的选择

选择粗基准时，要满足以下两个要求：应保证所有加工表面都有足够的加工余量；应保证工件加工表面和不加工表面之间具有一定的位置精度。选择粗基准应遵循以下原则：

(1) 相互位置要求原则　选取与加工表面相互位置精度要求较高的不加工表面作为粗基准，以保证不加工表面与加工表面的位置要求。

(2) 重要表面原则　若必须首先保证工件上某重要表面加工余量均匀，应选择该表面为粗基准。

(3) 加工余量合理分配原则　对所有表面都需要加工的工件，应该根据加工余量最小的表面找正，这样不会因位置的偏移而造成余量太小的部位加工不出来。

(4) 便于工件装夹原则　作为粗基准的表面，应尽量平整光滑，没有飞边、冒口、浇口等缺陷，以便使工件定位准确、夹紧可靠。

（5）一次使用原则　粗基准一般只使用一次。因粗基准未经加工，表面比较粗糙且精度低，二次安装时，其在机床上（或夹具中）的实际位置可能与第一次安装时不一样，从而产生定位误差，导致相应加工表面出现较大的位置误差。

2. 精基准的选择

精基准的选择应保证零件的加工精度，特别是加工表面的相互位置精度，同时也必须尽量使装夹方便，夹具结构简单可靠。精基准的选择应遵循如下原则：

（1）基准统一原则　同一零件的多道工序尽可能选择同一个定位基准，这样便于保证各加工表面的相互位置精度，避免基准变换所产生的误差，并能简化夹具的设计与制造，降低了成本，缩短了生产准备周期。

（2）基准重合原则　应尽可能选用设计基准作为精基准，这样可以避免由于基准不重合而引起的误差。

（3）互为基准原则　当两个加工表面相互位置精度以及它们自身的尺寸与形状精度都要求很高时，可采用两个加工表面互为基准反复加工。

（4）自为基准原则　有些精加工要求加工余量小而均匀，在加工时就应尽量选择加工表面本身作为精基准，而该表面与其他表面之间的位置精度则由先行工序保证。

3. 辅助基准的选择

辅助基准是为了便于装夹或易于实现基准统一而人为制造的一种定位基准，如轴类零件加工所用的两个中心孔、图 3-5（a）所示的汽车发动机机体加工时的工艺孔等，它不是零件的工作表面，只是出于工艺上的需要才做出的；又如图 3-5（b）所示的零件，为安装方便，毛坯上专门铸出工艺搭子，也是典型的辅助基准，加工完毕后应将其从零件上切除。

数控机床加工零件在选择定位基准时除了遵循以上原则外，

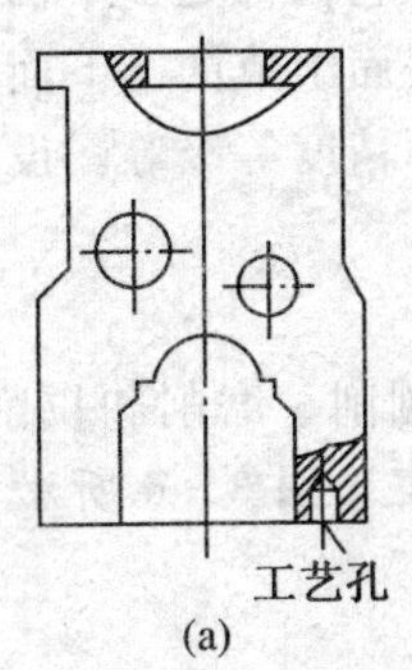

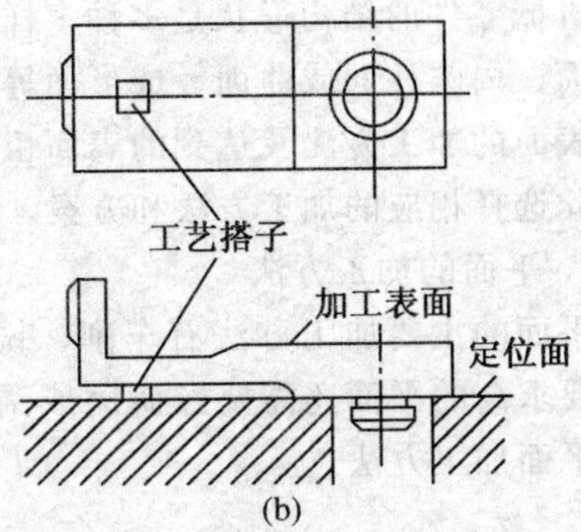

图 3－5 辅助基准典型示例

还应考虑以下几点：

（1）应尽可能在一次装夹中完成所有能加工表面的加工，为此要选择便于各个表面都能加工的定位方式。如对于箱体零件，宜采用一面两削的定位方式，也可采用以某侧面为导向基准，待工件夹紧后将导向元件拆去的定位方式。

（2）如果用一次装夹完成工件上各个表面加工，也可直接选用毛面作定位基准，但这时毛坯的制造精度要求要更高一些。

（3）所选定位基准应能保证工件定位准确稳定，装夹方便可靠，夹具结构简单适用，操作方便灵活；并且定位基准应有足够大的接触面积，以承受较大的切削力。

（二）确定加工方法

加工方法的选择原则是保证加工表面的加工精度和表面粗糙度的要求。由于获得同一精度和表面粗糙度的加工方法有许多，因而在实际选择时，要结合零件的结构形状、尺寸大小和热处理要求等全面考虑。例如，对于 IT7 孔采用镗削、铰削、磨削等加工方法均可达到精度要求，但箱体上较大的孔一般采用镗削，较小的孔选择铰削，而箱体上的孔不宜采用磨削。此外，还应考虑生产率和经济性的要求等。

机械零件的结构形状是多种多样的，但它们都是由平面、外圆柱面、内圆柱面或曲面、成形面等基本表面组成的。下面列出常见表面的加工方法及达到的表面粗糙度和精度等级等。设计者可据此选择相应的加工方法和方案。

1. 平面的加工方法

平面的主要加工方法有车削、铣削、刨削、磨削和拉削等，精度要求高的平面还需要经研磨或刮削加工。图 3－6 所示为常见的平面加工方法。

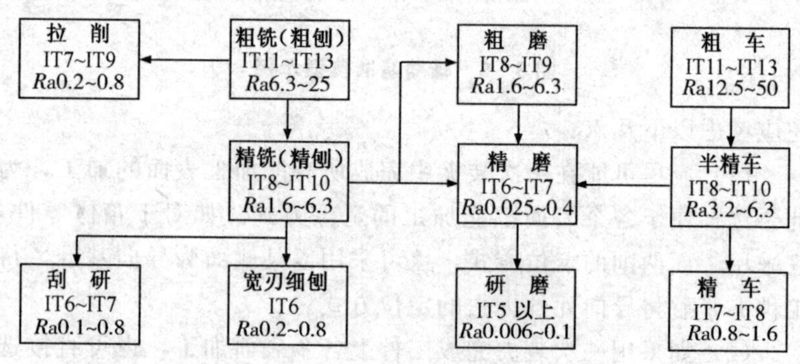

图 3－6　常见平面加工方法

（1）车削主要用于回转零件端面的加工。

（2）磨削适用于直线度及表面粗糙度要求较高的淬硬工件和薄片工件、未淬硬钢件上面积较大的平面的精加工，但不宜加工塑性较大的有色金属。

（3）拉削适用于大批量生产中的加工质量要求较高且面积较小的平面。

（4）最终工序为研磨的方法适用于精度要求高、表面粗糙度高的小型零件的精密平面，如量规等精密量具的表面。

（5）最终工序为刮研的加工方法适用于单件小批生产中配合表面要求高且非淬硬平面的加工。当批量较大时，可用宽刀细刨代替刮研，宽刀细刨特别适用于加工像导轨面这样的狭长平面，能显著提高生产效率。

2. 外圆表面的加工方法

外圆表面的加工方法主要有车削和磨削。当表面粗糙度要求高时，还要经过光整加工。图 3-7 为外圆表面常用的加工方法。

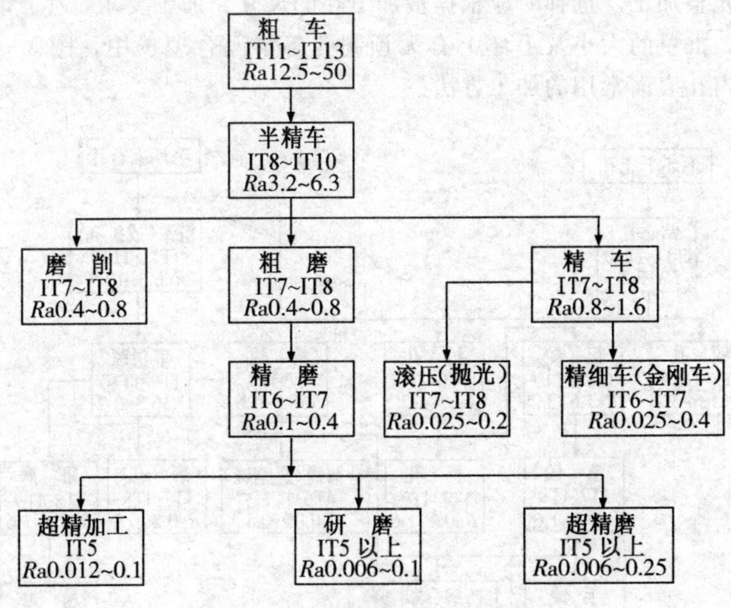

图 3-7　外圆表面常用的加工方法

（1）最后工序为车削的加工方案，适用于除淬火钢之外的其他各种金属。

（2）最后工序为精细车或金刚车的加工方案，适用于精度要求较高的有色金属的精加工。

（3）对表面粗糙度要求高而尺寸精度要求不高的外圆，可采用滚压或抛光的方法。

（4）最后工序为磨削的加工方案，适用于淬火钢、未淬火钢和铸铁，不适用于有色金属，因为有色金属韧性大，磨削时易堵塞砂轮。

（5）最后工序为光整加工，如研磨、超精磨及超精加工等，为提高生产效率和加工质量，一般在光整加工前进行精磨。

3. 内孔的加工方法

内孔表面加工方法有钻孔、扩孔、铰孔、镗孔、拉孔、磨孔和光整加工。选择时应根据被加工孔的尺寸、加工要求、生产条件、批量的大小及毛坯上有无预制孔等情况合理选用，图 3-8 为内孔表面常用的加工方法。

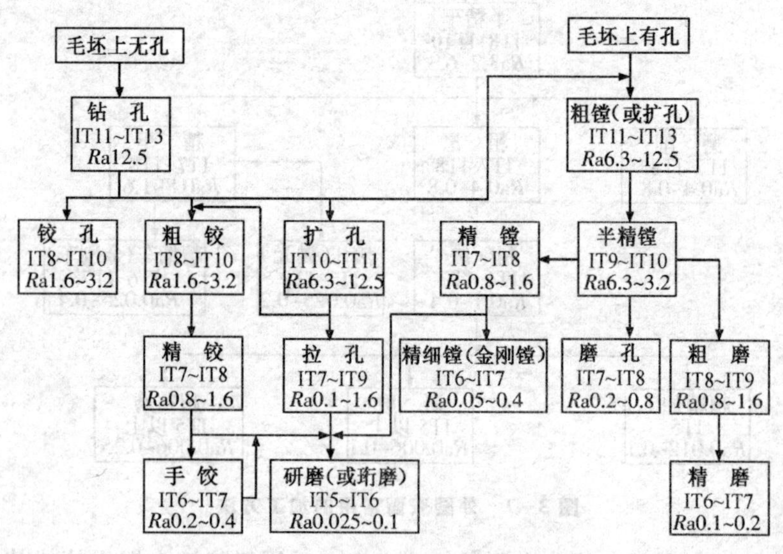

图 3-8 内孔表面常用的加工方法

（1）加工精度为 IT6 级的孔，最后工序采用手铰、研磨或珩磨、精细镗等均能达到要求，视具体情况而定。韧性较大的有色金属不宜采用珩磨，可采用研磨或精细镗。研磨对大、小直径孔均适用，而珩磨只适用于大直径孔的加工。

（2）加工精度为 IT7 级的孔，当孔径小于 12mm 时，可采用钻-粗铰-精铰方案；当孔径在 12～60mm 范围时，可采用钻-扩-粗铰-精铰方案或钻-扩-拉方案。若毛坯上已铸出或锻出孔，可采用粗镗-半精镗-精镗方案或粗镗-半精镗-磨孔方案。最后工序为拉孔的方案适用于大批量生产，工件材料为未淬火钢、铸铁和有色金属。最后工序为铰孔适用于未淬火钢或铸铁，对有色金属铰出的孔表面粗糙度较大，常用精细镗孔替代铰孔。最后工序为磨孔的方案适用于加工除硬度低、韧性大的有色金属以外的淬火钢、未淬火钢及铸铁。

(3) 加工精度为IT8级的孔，当孔径小于20mm时，可采用钻-铰方案；当孔径大于20mm时，可采用钻-扩-铰方案，此方案适用于加工淬火钢以外的各种金属，但孔径应在20～80mm之间，此外也可采用最后工序为精镗或拉削的方案。淬火钢可采用磨削加工。

(4) 加工精度为IT9级的孔，当孔径小于10mm时，可采用钻-铰方案；当孔径小于30mm时，可采用钻-扩方案；当孔径大于30mm时，可采用钻-镗方案。工件材料为淬火钢以外的各种金属。

4. 平面轮廓和曲面轮廓的加工方法

(1) 平面轮廓常用的加工方法有数控铣、线切割及磨削等。对如图3-9所示的内平面轮廓，当曲率半径较小时，可采用数控线切割方法加工。若选择铣削的方法，因铣刀直径受最小曲率半径的限制，直径太小，刚性不足，会产生较大的加工误差。对图3-10所示的外平面轮廓，可采用先粗铣后精铣的方法，也可采用数控线切割方法加工。对精度及表面粗糙要求较高的轮廓表面，在数控铣削加工之后，再进行数控磨削加工。数控铣削加工适用于除淬火钢以外的各种金属，数控线切割加工可用于各种金属，数控磨削加工适用于除有色金属以外的各种金属。

(2) 立体曲面加工方法主要是数控铣削，多用球头铣刀，以“行切法”加工，如3-11所示。根据曲面形状、刀具形状以及精度要求等通常采用二轴半联动或三轴半联动。对精度和表面粗糙度要求高的曲面，当用三轴联动的“行切法”加工不能满足要求时，可用模具铣刀，选择四坐标或五坐标联动加工。

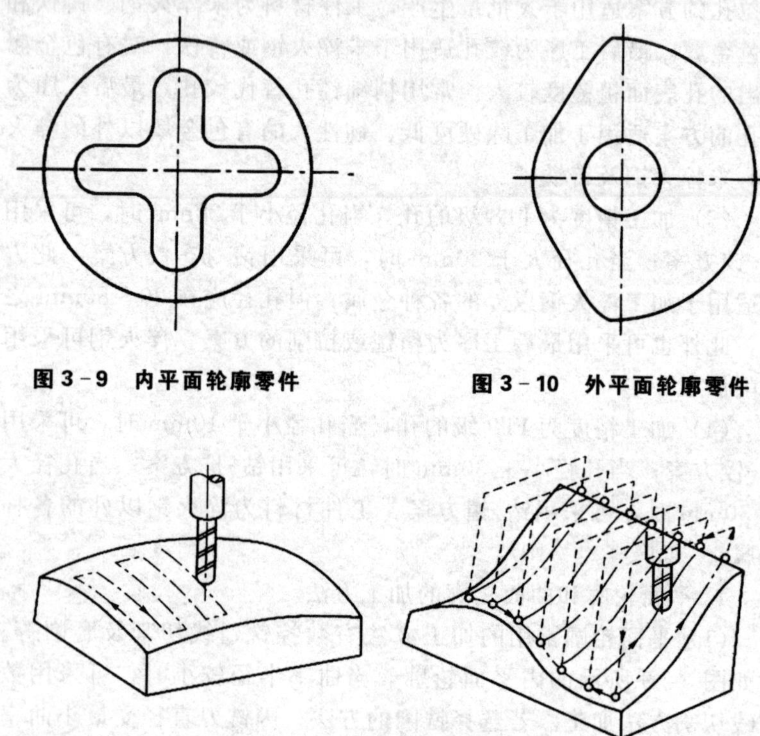

图 3－9　内平面轮廓零件

图 3－10　外平面轮廓零件

图 3－11　立体曲面的行切法加工示意图

各种表面加工方法所能达到的精度和表面粗糙度都有一个相当大的范围。当精度达到一定程度后，要继续提高精度，成本会急剧上升。例如外圆车削，将精度从 IT7 级提高到 IT6 级，此时需要价格较高的金刚石车刀，很小的背吃刀量和进给量，增加了刀具费用，延长了加工时间，大大地增加了加工成本。对于同一表面加工，采用的加工方法不同，加工成本也不一样。例如，公差为 IT7 级、表面粗糙度 R_a 值为 $0.4\mu m$ 的外圆表面，采用精车就不如采用磨削经济。

任何一种加工方法获得的精度只在一定范围内才是经济的，这种一定范围内的加工精度即为该加工方法的经济精度。它是指在正常加工条件下（采用符合质量标准的设备、工艺装备和标准等级的工人，不延长加工时间）所能达到的加工精度，相应的表面粗糙度称为经济粗糙度。在选择加工方法时，应根据工件的精度要求选择与经济精度相适应的加工方法。因此选择表面加工方法，除了考虑零件的结构形状和尺寸、精度要求、零件的材料等，还要考虑加工的经济性。

（三）安排加工顺序

在选定加工方法后，加工顺序安排得是否合理，将直接影响零件的加工质量、生产效率和生产成本。零件的加工工序通常包括切削加工工序、热处理工序和辅助工序。下面就各种工序遵循的原则一一介绍。

1. 切削加工工序的安排

（1）工序集中原则

合理进行工序组合，每道工序包括尽可能多的加工内容，从而使工序的总数减少。

（2）基面先行原则

定位基准面应在工艺过程一开始就进行粗、精加工，然后再加工其余表面。因为定位基准的表面越精确，装夹误差就越小。例如加工轴类零件时，总是先加工中心孔，再以中心孔为精基准加工外圆表面和端面。

（3）先主后次原则

零件的主要工作表面、装配基面应先加工，这样有利于及早发现毛坯的缺陷。次要表面可穿插进行，放在主要表面加工到一定程度后、最终精加工之前进行。

（4）先粗后精原则

各个表面都应按照粗加工-半精加工-精加工-光整加工的顺序依次进行，逐步提高表面的加工精度和减小表面粗糙度。

（5）先面后孔原则

对箱体、支架类零件，平面轮廓尺寸较大，一般先加工平面，再加工孔和其他尺寸。这样一方面用加工过的平面定位，稳定可靠；另一方面在加工过的平面上加工孔，比较容易，而且能提高孔的加工精度。

（6）合二为一原则

在保证加工质量的前提下，可将粗加工和半精加工合为一道工序，这样可提高机床的使用效率。

2. 热处理工序的安排

为提高材料的力学性能、改善材料的切削加工性和消除工件的内应力，在工艺过程中要适当安排一些热处理工序。

（1）预备热处理

目的是改善材料的切削性能，消除毛坯制造时的残余应力，改善组织。一般在机械加工之前，常用的有退火、正火等。

（2）消除残余应力热处理

由于毛坯在制造和机械加工过程中产生的内应力，会引起工件变形，影响加工质量。因此要安排消除残余应力热处理。消除残余应力热处理最好安排在粗加工之后精加工之前。对精度要求不高的零件，一般将消除残余应力的热处理安排在毛坯进入机加工车间之前进行；对精度要求较高的复杂铸件，在机加工过程中通常安排两次时效处理：铸造-粗加工-时效-半精加工-时效-精加工；对高精度零件，如精密主轴、精密丝杠等，应安排多次消除残余应力热处理，甚至采用冰冷处理以稳定尺寸。

（3）最终热处理

目的是提高零件的强度、表面硬度和耐磨性，常安排在精加工工序之前。常用的热处理方法有淬火、渗碳、渗氮和碳氮共渗等。

3. 辅助工序的安排

辅助工序主要包括：清洗、去毛刺、去磁、倒棱边、检验、平衡等。其中检验工序是主要的辅助工序，是保证产品质量的主要措施之一，一般安排在粗加工全部结束后精加工之前、重要工序之后、工件在不同车间之间转移前后或工件全部加工结束后。

4. 数控加工工序与普通工序的衔接

数控工序前后一般都穿插有其他普通工序，如衔接不好就容易产生矛盾，最好的解决办法就是相互建立状态要求，如：要不要留加工余量，留多少；定位面的尺寸精度要求及形位公差；对毛坯的热处理要求等。

（四）夹具的选择

1. 夹具的作用

（1）易于保证工件的加工精度。

（2）使用夹具可改变和扩大原机床的功能，实现“一机多用”。

（3）使用夹具后，不仅省去画线找正等辅助时间，而且有时还可采用高效率的多件、多位、机动夹紧装置，缩短辅助时间，从而大大提高劳动生产率。

（4）用夹具装夹工件方便、省力、安全。当采用气动、液压等夹紧装置时，可减轻工人的劳动强度，保证安全生产。

（5）在批量生产中使用夹具时，由于劳动生产率的提高和允许使用技术等级较低的工人操作，故可明显地降低生产成本。但在单件生产中，使用夹具的生产成本仍较高。

2. 夹具的分类

机床夹具的种类很多，按使用机床类型分类，可分为车床夹具、铣床夹具、钻床夹具、镗床夹具、加工中心夹具和其他机床夹具等。按驱动夹具工作的动力源分类，可分为手动夹具、气动夹具、液压夹具、电动夹具、磁力夹具、真空夹具和自夹紧夹具等。按其通用化程度，一般可分为通用夹具、专用夹具、成组夹具以及组合夹具等。

（1）通用夹具的结构、尺寸已规格化，且具有很大的通用性，无需调整或稍加调整就可用于装夹不同的工件。如三爪自定心卡盘、四爪单动卡盘、机床用平口虎钳、万能分度头、顶尖、中心架、电磁吸盘等，一般已作为通用机床的附件，由专业厂生产。采用这类夹具可缩短生产准备周期，减少夹具品种，从而降低生产成本。其缺点是定位与夹紧费时，生产率较低，故主要适用于单件、小批量的生产。

(2) 专用夹具是针对某一工件的某一工序而专门设计和制造的。因为不需考虑其通用性，所以夹具可设计得结构紧凑、操作方便。由于这类夹具设计与制造周期较长，产品变更后无法利用，因此适用于大批量生产。

(3) 成组可调夹具是针对通用夹具和专用夹具的缺陷而发展起来的，它是在加工某种工件后，经过调整或更换个别定位元件和夹紧元件，即可加工另外一种工件的夹具。它按成组原理设计，用于加工形状相似和尺寸相近的一组工件，故在多品种，中、小批生产中使用有较好的经济效果。

(4) 组合夹具是一种由一套标准元件组装而成的夹具见图 3-12。这种夹具用后可拆卸存放，当重新组装时又可循环重复使用。由于组合夹具的标准元件可以预先制造备存，还具有多次反复和组装迅速等特点，所以在单件，中、小批生产中特别适用。

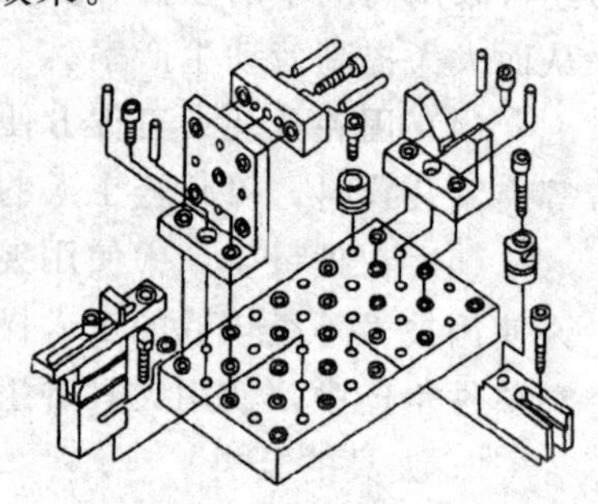

图 3-12 组合夹具

3. 夹具的选择

数控加工中夹具的选择必须满足以下两个基本要求：一是夹具的坐标方向与机床的坐标方向相对固定；二是要协调工件和机床坐标系的尺寸关系。除此之外，还要满足：

(1) 夹具上各零部件应不妨碍机床对工件各表面的加工，即夹具要敞开，其定位、夹紧机构元件不能影响加工时刀具的进给（如产生碰撞等）。

(2) 工件的装卸要迅速、方便、可靠，以缩短机床的停顿时间，提高工作效率。

（3）在单件小批生产条件下，应优先采用组合夹具、可调夹具及其他通用夹具，以缩短生产准备时间，提高生产率。

（4）在成批生产时，优先考虑采用专用夹具，并力求结构简单。

（5）批量较大的零件加工时可采用多工位、气动或液压夹具。

（五）走刀路线的确定

1. 对刀点与换刀点的确定

“对刀点”就是在数控机床上加工零件时，刀具相对于工件运动的起始点。由于程序段从该点开始执行，所以对刀点又称为“程序起点”或“起刀点”。对刀点可以设在工件、机床或夹具上，但必须与工件的定位基准有一定的尺寸关系，这样才能确定工件坐标系与机床坐标系的关系。

对刀时应使对刀点与刀位点重合。刀位点是指编程时确定刀具位置的基准点，具体是指车刀、镗刀的刀尖，钻头的钻尖，立铣刀、端铣刀刀头底面的中心，球头铣刀的球头中心等。

换刀点是指刀架转位换刀时的位置，它可以是某一固定点（如加工中心，其换刀机械手的位置是固定的），也可以是任意的一点（如车床）。为避免换刀时刀具与工件或夹具发生碰撞，换刀点应设置在工件的外部。

2. 走刀路线的确定

走刀路线是刀具在数控加工过程中刀具相对于工件的运动轨迹，它不但包括了工步的内容，而且也反映出工步的顺序。走刀路线是编写程序的依据之一。因此，在确定走刀路线时最好画一张工序简图，将已经拟定出的走刀路线画上去（包括进、退刀路线），这样可以大大方便编程。确定走刀路线应遵循以下原则：

（1）应能保证零件的精度要求和表面粗糙度要求

当铣削平面零件外轮廓时，一般采用立铣刀侧刃切削。刀具切入工件时，不应沿零件外轮廓的法向切入，因会在切入处产生刀具的刻痕，而应沿外廓曲线延长线的切向切入，保证零件外廓曲线平滑过渡。在切离工件时，也应避免在工件的轮廓处直接退刀，而应该沿零件轮廓延长线的切向逐渐切离工件。示意图如图3-13。

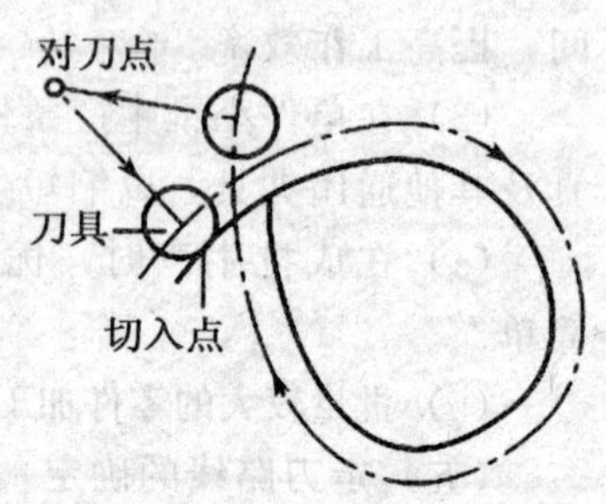

图 3-13　加工外轮廓时刀具的切入和切出

当铣削外圆时，刀具仍应沿轮廓切向切入，但退刀时不要在切点处直接退刀，而应让刀具沿切线方向多运动一段距离，防止取消刀补时，刀具与工件相碰，使工件报废。示意图如图 3-14。

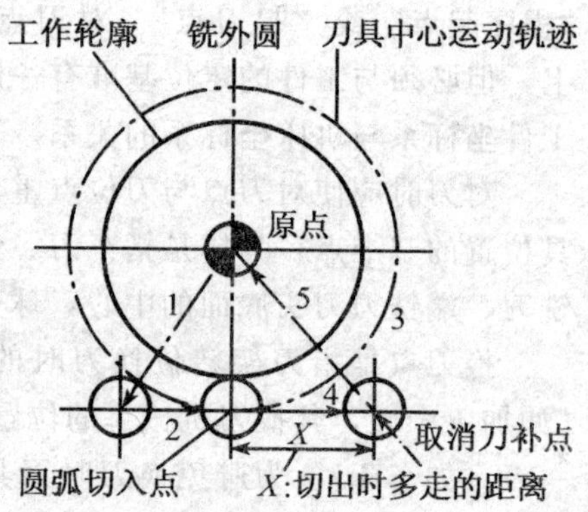

图 3-14　铣削外圆时刀具的退刀

铣削封闭的凹轮廓时，刀具的切入、切出不允许外延，应选在两面的交界处，否则会产生刀痕。如图 3-15 所示的三种走刀路线，最好选择图 3-15（b）和图 3-15（c）的路线。

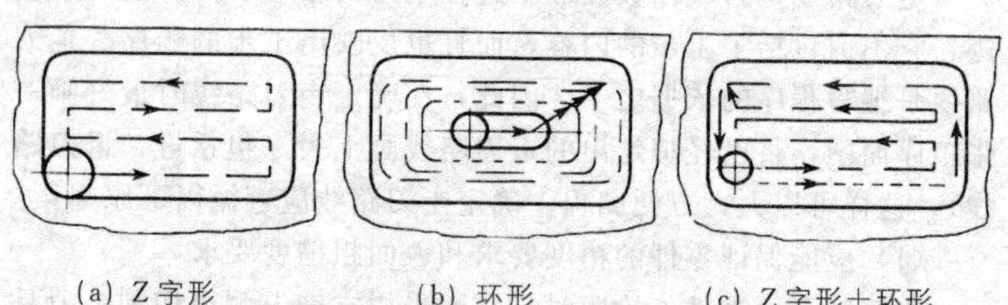

(a) Z 字形　　(b) 环形　　(c) Z 字形+环形

图 3-15　封闭凹轮廓的走刀路线

铣削曲面时，常用球头刀行切法进行加工。行切法是指刀具与零件轮廓的切点轨迹是一行一行的，而行间的距离是按零件加工精度的要求确定的。对于边界敞开的曲面加工，可采用两种走刀路线，如加工发动机大叶片时，若采用如图 3-16（a）所示所示的加工方案时，每次沿直线加工，刀位点计算简单，程序少，加工过程符合直纹面的形成，可以保证母线的直线度。当采用图 3-16（b）所示的加工方案时，符合这类零件数据给出情况，便于加工后检验，叶形的准确度较高，但程序较多。由于曲面零件的边界是敞开的，没有其他表面限制，所以边界曲面可以延伸，球头刀应从边界外开始加工。

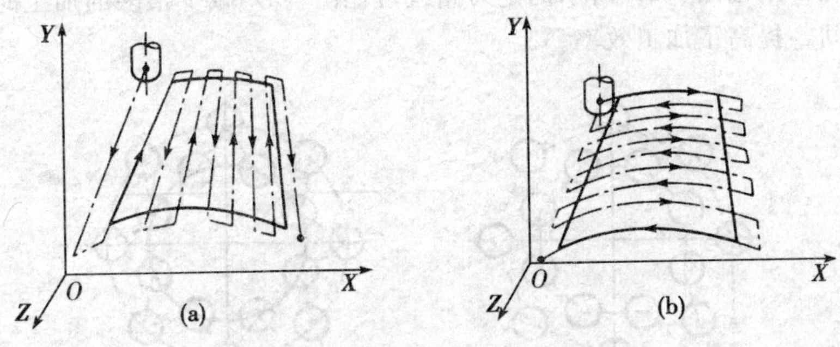

图 3-16　曲面加工的走刀路线

（2）应使走刀路线最短，减少刀具空行程时间，提高加工效率。如图 3-17 所示，采用矩形循环方式粗车零件，由图（a）知，对刀点 A 为了加工过程方便换刀，设置在离零件较远的地方。起刀点和对刀点重合，进给路线为：

第一刀 A—B—C—D—A；第二刀 A—E—F—G—A；第三刀 A—H—I—J—A

由图（b）知，A 点仍为对刀点，B 点为起刀点，起刀点和对刀点分离，同样的切削量粗车三刀，进给路线为：

刀具空行程 A—B；第一刀 B—C—D—E—B；第二刀 B—F—G—H—B；第三刀 B—I—J—K—B

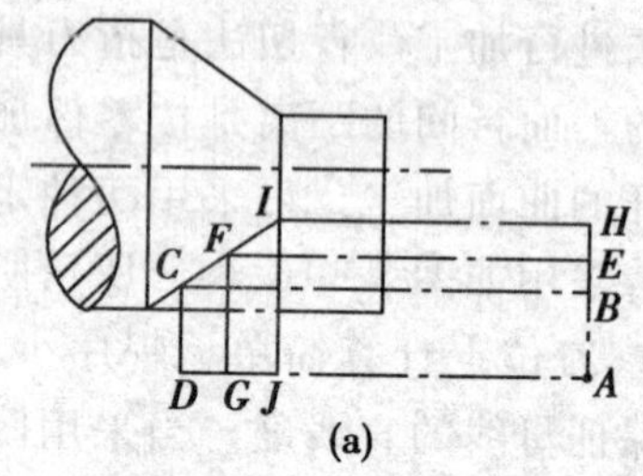

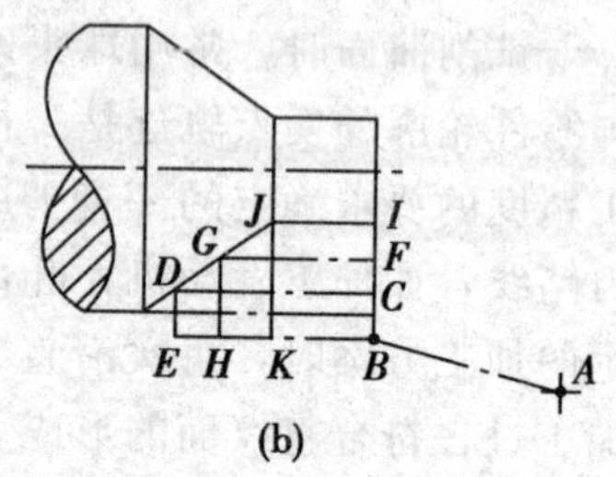

图 3－17　矩形循环进给路线

由上知，采用图（b）的进给路线大大减少了刀具空行程时间，提高了加工效率。又如图 3－18 所示加工两个圆周上的均布孔，采用图（b）所示的走刀路线可比图（a）减少很多的加工时间，提高了加工效率。

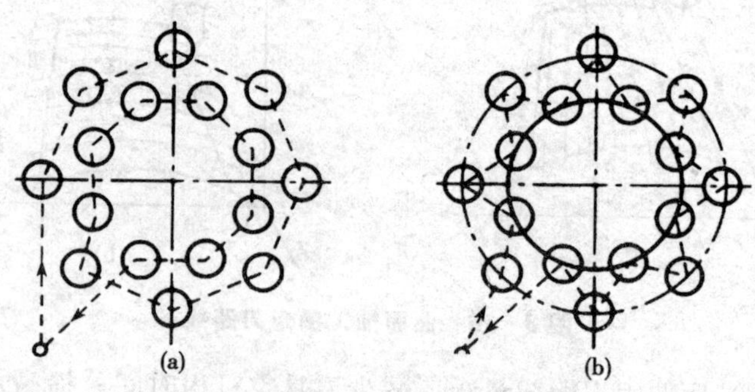

图 3－18　钻孔加工的最短路线

（六）切削用量的选择

1. 切削用量的概念

切削用量是指切削时各运动参数的数值，它包括主轴转速（切削速度）、进给量（进给速度）和背吃刀量。这三者常称为切削用量三要素。

（1）主轴转速

$$n=\frac{1000v_c}{\pi d}$$

式中：v_c 为切削速度；

d 为待加工工件的直径。

确定切削速度需要根据工件和刀具的材料以及加工性质等条件来选择，它是切削用量中对切削加工影响最大的因素。表 3－1 和表 3－2 列出了车削和铣削常用的切削速度。

表 3－1　　车削加工的切削速度

工件材料	抗拉强度（$N \cdot m^{-2}$）或硬度	刀具材料	粗加工（$m \cdot min^{-1}$）	精加工（$m \cdot min^{-1}$）
钢	350～400	高速钢	40～50	60～75
		硬质合金	130～240	200～300
	430～500	高速钢	30～35	50～70
		硬质合金	100～200	220～300
	600～700	高速钢	22～28	30～40
		硬质合金	100～150	150～220
	700～850	高速钢	18～24	35～40
		硬质合金	70～90	100～130
铸铁	140～190HB	高速钢	18～25	30～35
		硬质合金	60～90	90～130
锡青铜	65～95HB	高速钢	40～50	60～75
		硬质合金	250～300	300～400
	95～125HB	高速钢	30～35	40～50
		硬质合金	150～200	220～300
铝		高速钢	150～200	200～250
		硬质合金	600～800	800～1000

表 3-2　　　　　　　　铣削加工的切削速度

工件材料	抗拉强度 $(N \cdot m^{-2})$ 或硬度	刀具材料	粗加工		精加工	
			切削速度 $(m \cdot min^{-1})$	进给量 $(mm \cdot r^{-1})$	切削速度 $(m \cdot min^{-1})$	进给量 $(mm \cdot r^{-1})$
钢	500～700	P25	80～120	0.3～0.4	100～120	0.1
	700～1000	P40	60～100	0.15～0.4	80～100	0.1
铸铁	200～300HB	K20	60～90	0.3～0.5	60～90	0.1
黄铜	80～120HB	K20	150～220	0.15～0.4	170～300	0.1
青铜	60～100HB	K20	100～180	0.15～0.4	140～250	0.1

（2）进给量或进给速度

进给量（进给速度）是数控机床切削用量中的重要参数，根据零件的表面粗糙度、加工精度要求、刀具及工件材料等因素，参考切削用量手册选取。粗加工时，由于对工件表面质量没有太高的要求，可根据加工材料、刀杆尺寸、工件直径及已确定的背吃刀量来选择进给量。在半精加工和精加工时，则按表面粗糙度要求，根据工件材料、刀尖圆弧半径、切削速度来选择进给量。如精车时取 0.1～0.2mm/r，精铣时取 20～25mm/min。

（3）背吃刀量

背吃刀量是指待加工表面与已加工表面的垂直距离，应根据加工余量来确定。粗加工时，一次进给应尽可能切除全部余量，在中等功率机床上，背吃刀量可达 8～10mm；半精加工时，背吃刀量一般取为 0.5～2mm；精加工时，背吃刀量取为 0.2～0.4mm。

2. 切削用量的选择

选择切削用量总的原则就是在保证加工质量和刀具耐用度的前提下，充分发挥机床性能和刀具切削性能，使切削率最高，加工成本最低。具体数据应根据切削用量手册，机床使用说明书等确定。

(1) 粗加工时切削用量的选择

选取尽可能大的背吃刀量；再根据机床动力和刚性的限制条件等，选取尽可能大的进给量；最后根据刀具耐用度选择最佳的切削速度。

(2) 精加工时切削用量的选择

根据粗加工后的余量确定背吃刀量；再根据已加工表面的粗糙度要求，选取较小的进给量；最后在保证刀具耐用度的前提下，选择较高的切削速度。

第二节 数控车削加工工艺

一、数控车削的加工对象

1. 精度要求高的回转体零件。

2. 表面轮廓形状复杂的回转体零件。

3. 带特殊螺纹的回转体零件。

4. 超精密、超低表面粗糙度值的零件。

二、车削加工顺序的安排

(一) 工序的划分

1. 以安装次数划分工序　将位置精度要求较高的表面安排在一次安装下完成，以免多次安装所产生的安装误差影响位置精度。把每一次装夹作为一道工序。此种划分工序的方法适用于加工内容不多的零件。

2. 以加工部位划分工序　按零件的结构特点分成几个加工部分，每一部分作为一道工序。有些零件结构较复杂，既有回转表面也有非回转表面，既有平面、外圆也有曲面、内腔。按零件结构特点将加工内容分成若干部分。再将另外组合在一起的部位作为新的一道工序。

3. 以所用刀具划分工序　这种方法用于工件在切削过程中基本不变形、退刀空间足够大的情况。此时着重考虑提高加工效率、减少换刀时间和尽可能缩短走刀路线。刀具集中分序法是按所用刀具划分工序，即用同一把刀具或同一类刀具加工完成零件上所有需要加工的部位，以达到节省换刀时间、提高效率的目的。

4. 以粗、精加工划分工序

对于容易发生加工变形的零件，通常粗加工后需要进行矫形，这时粗加工和精加工作为两道工序，可以采用不同的刀具或不同的数控车床加工。对毛坯余量较大和加工精度要求较高的零件，应将粗车和精车分开，划分成两道或更多的工序。将粗车安排在精度较低、功率较大的数控车床上，将精车安排在精度较高的数控车床上。因此适用于易变形或精度要求较高的零件，不允许一次装夹就完成加工，粗加工时留出一定的加工余量，重新装夹后再精加工。

（二）加工顺序的安排

1. 先加工定位面　即上道工序的加工不能影响下道工序的定位与夹紧，应为后面的工序提供精基准和合适的夹紧表面。制定零件的整个工艺路线就是从最后一道工序开始往前推，按照前工序为后工序提供基准的原则来安排。

2. 先内后外　即先进行内部型腔的加工，后进行外形的加工。

3. 以相同的安装或使用同一把刀具加工的工序，最好连续进行，以减少重新定位或换刀所引起的误差。

4. 在同一次安装中，应先进行对工件刚性影响较小的工序。

三、车削常用的夹具

车床夹具可分为通用夹具和专用夹具两大类。通用夹具是指能够装夹两种或两种以上工件的夹具，例如车床上的三爪卡盘、四爪卡盘、弹簧卡套和通用心轴等；专用夹具是专门为加工某一指定工件的某一工序而设计的夹具。按夹具元件组合特点划分，还可分为不能重新组合的夹具和能够重新组合的夹具，后者称为组合夹具。按定位方式由可分为圆周定位夹具和中心孔定位夹具等。

（一）圆周定位夹具

1. 三爪卡盘

三爪卡盘是最常用的车床通用夹具，它的三个卡爪是同步运动的，能自动定心，一般不需找正。三爪卡盘装夹工件方便、省时、自动定心好，但夹紧力较小，所以适用于装夹外形规则的中、小型工件。而且它的定心精度存在误差，不适于同轴度要求高的工件的二次装夹。三爪卡盘的卡爪可装成正爪和反爪两种形式。反爪用来装夹直径较大的工件。用三爪卡盘装夹精加工过的表面时，被夹住的工件表面应包一层铜皮，以免夹伤工件表面。三爪卡盘常见的有机械式和液压式两种。液压卡盘装夹迅速、调爪方便、使用寿命长，液压三爪卡盘特别适用于批量加工，但夹持范围变化小，尺寸变化大时需重新调整卡爪位置。三爪卡盘的示意图如图 3-19。

2. 软爪

由于三爪卡盘定心精度不高，当加工同轴度要求高的工件二次装夹时，常常使用软爪。软爪是一种具有切削性能的夹爪。通常三爪卡盘为保证刚度和耐磨性要进行热处理，硬度较高，很难用常用刀具切削。软爪是在使用前配合被加工工件特别制造的，加工软爪时要注意以下几方面的问题：

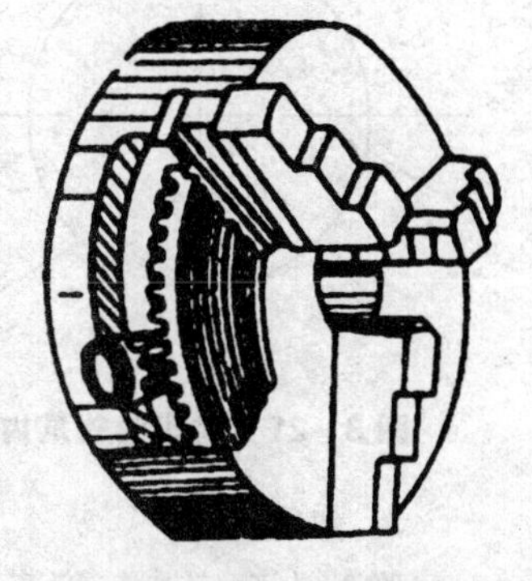

图 3-19　三爪卡盘示意图

（1）软爪要在与使用时相同的夹紧状态下加工，以免在加工过程中松动和由于反向间隙而引起定心误差。加工软爪内定位表面时，要在软爪尾部夹紧一适当的棒料，以消除卡盘端面螺纹的间隙。加工软爪示意图如图 3-20。

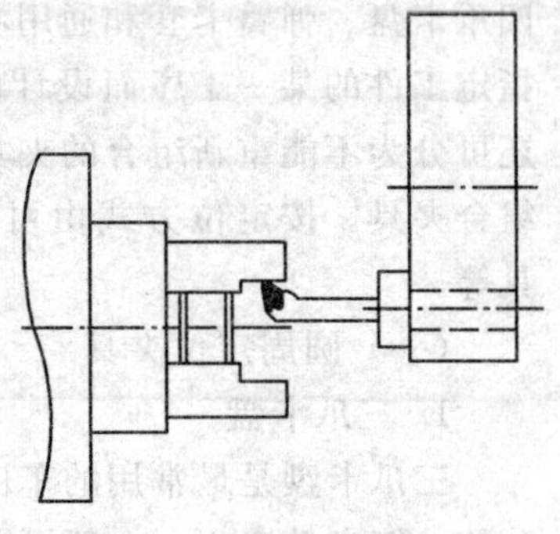

图 3-20　加工软爪示意图

（2）当被加工件以外圆定位时，软爪内圆直径应与工件外圆直径相同，略小更好，如图 3-21 所示，其目的是消除夹盘的定位间隙，增加软爪与工件的接触面积。软爪内径大于工件外径会导致软爪与工件形成三点接触，如图3-22所示，此时接触面积小，不容易夹牢固。软爪内径过小，如图 3-23 所示，此时会形成六点接触，这样会在被加工表面留下压痕，而且使软爪接触面变形。软爪也有机械式和液压式两种。它常用于加工同轴度要求较高的工件的二次装夹。

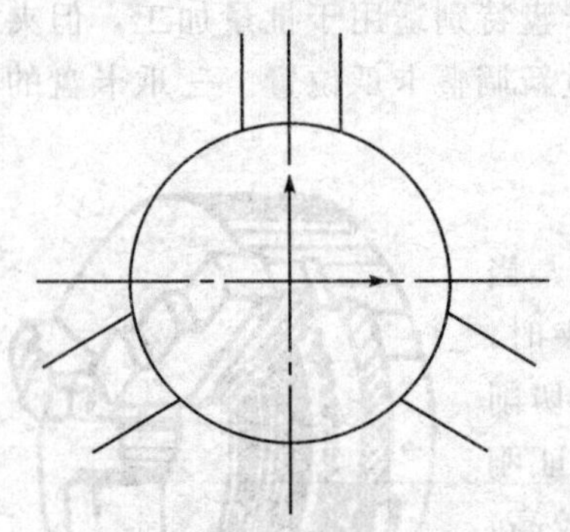

图 3-21　理想的软爪内径

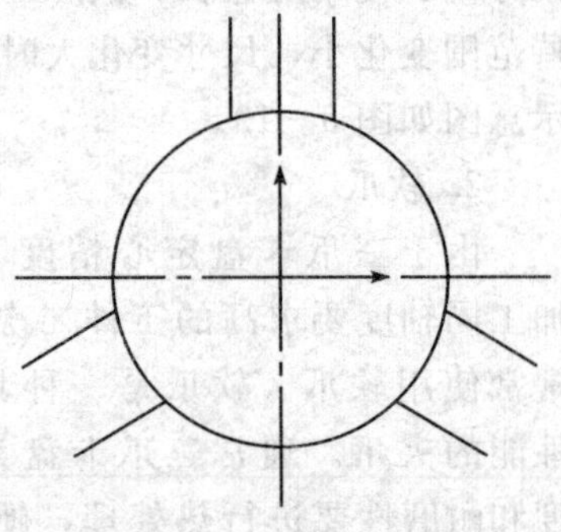

图 3-22　软爪内径过大

3. 弹簧夹套

弹簧夹套定心精度高、装夹方便、迅速，常用于精加工的外圆表面的夹紧定位。它夹持工件的内孔尺寸是标准系列，不是任意尺寸。

4. 四爪卡盘

四爪卡盘适用于零件较短、偏心距较小、加工精度要求不高的工件。外形如图 3-24 所示。

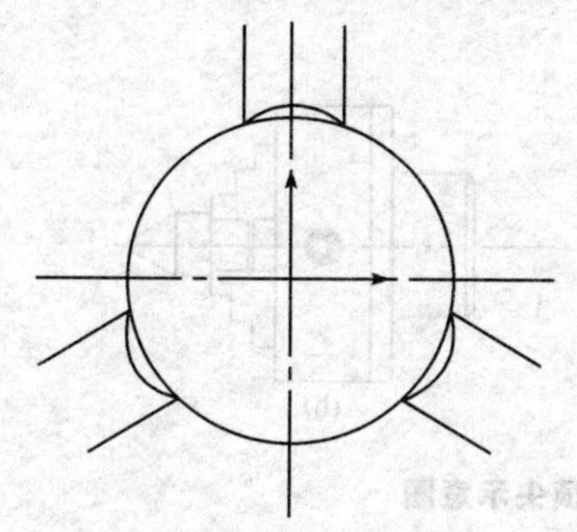

图 3-23 软爪内径过小

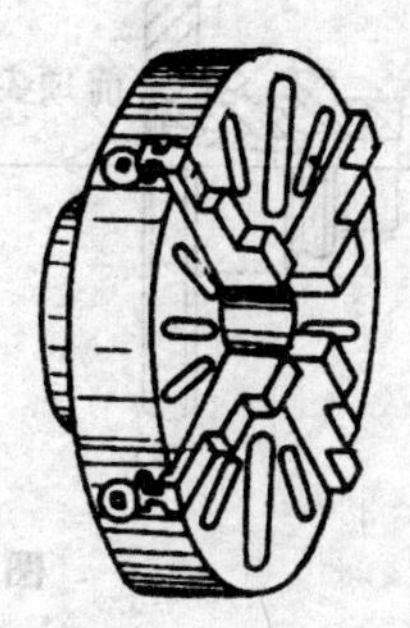

图 3-24 四爪卡盘

（二）中心孔定位夹具

1. 两顶尖定位

两顶尖分为前顶尖和后顶尖。前顶尖一种是插入主轴锥孔内的，如图 3-25（a）所示，另一种是夹在卡盘上的，如图 3-25（b）所示。前顶尖与主轴一起旋转，与主轴中心孔不产生摩擦。后顶尖插入尾座套筒。后顶尖一种是固定的，如图 3-26（a）所示，另一种是回转的，如图 3-26（b）所示。回转顶尖使用较广泛。两顶尖定位的优点是定心正确可靠，安装方便，不需找正，装夹精度高，但必须在工件的两个端面钻出中心孔，适用于多工序加工或精加工。用两顶尖装夹工件应注意：

（1）前后顶尖的连线应与车床主轴轴线同轴，否则车出的工件会产生锥度误差。

（2）尾座套筒在不影响车刀切削的前提下，应尽量伸出得短些，以增加刚性，减少振动。

（3）中心孔应形状正确，表面粗糙度值小。轴向精确定位时，中心孔倒角可加工成准确的圆弧形倒角，并以该圆弧形倒角与顶尖锥面的切线为轴向定位基准定位。

（4）两顶尖与中心孔的配合应松紧合适。

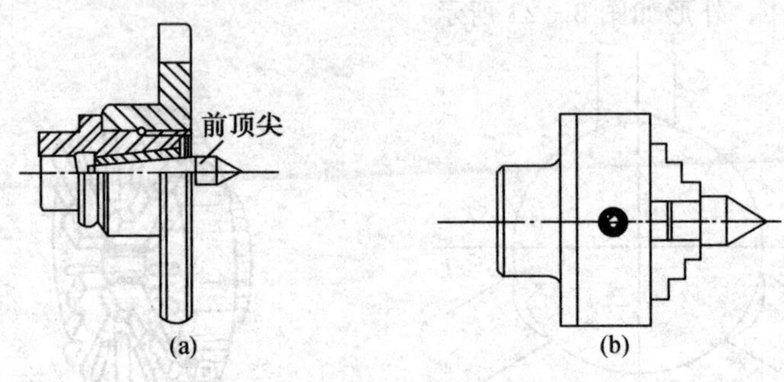

图 3-25 前顶尖示意图

图 3-26 后顶尖示意图

2. 拨动顶尖

常用的拨动顶尖有内、外拨动顶尖和端面拨动顶尖两种。内、外拨动顶尖如图 3-27 和 3-28 所示，它的锥面带齿，能嵌入工件，拨动工件旋转。端面拨动顶尖如图 3-29 所示，它利用端面拨爪带动工件旋转，适合装夹直径在 50～150mm 之间的工件。

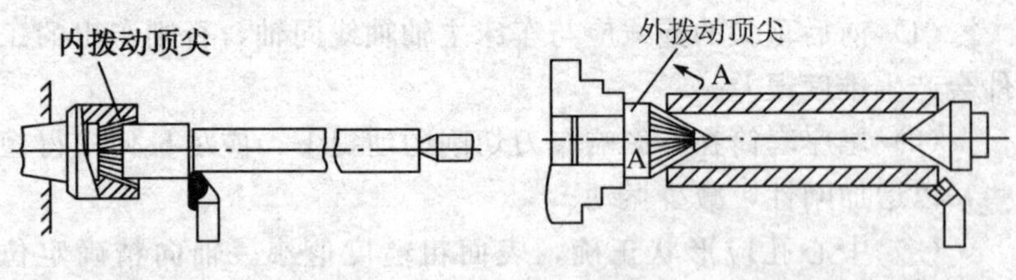

图 3-27 内拨动顶尖 **图 3-28 外拨动顶尖**

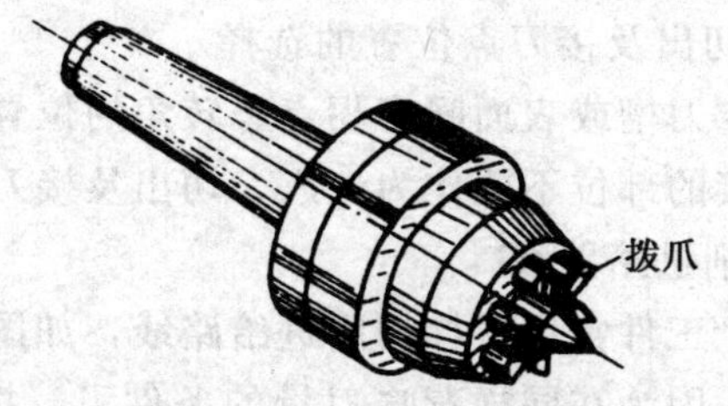

图 3-29　端面拨动顶尖

四、确定进给路线

确定进给路线在前一节中已经详细阐述，这里列出车床加工确定进给路线应注意的几个问题。

（一）粗加工进给路线的确定

1. 应选最短切削进给路线

以下是三种常用的粗加工进给路线。如图 3-30 所示，图 3-30（a）为利用数控系统具有的矩形循环功能而安排的“矩形”循环进给路线；图 3-30（b）为利用数控系统具有的三角形循环功能而安排的“三角形”循环进给路线；图 3-30（c）为利用数控系统具有的封闭式复合循环功能控制车刀沿着工件轮廓等距线循环的进给路线。在三种切削进给路线中，矩形循环进给路线的进给长度总和最短。因此，在同等条件下，其切削所需时间（不含空行程）最短，刀具的损耗量最少。

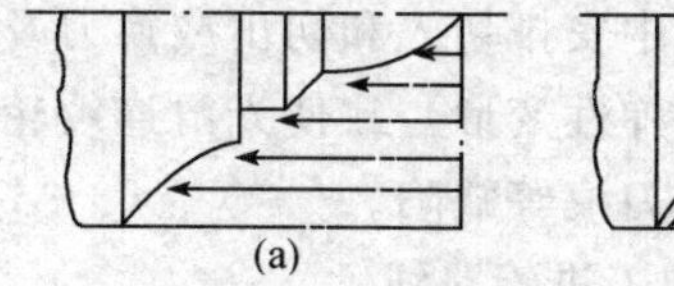
(a)

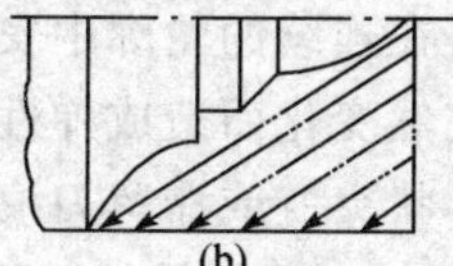
(b)

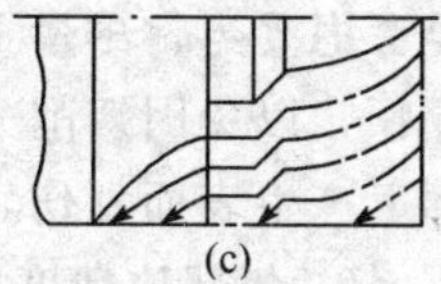
(c)

图 3-30　常用的粗加工循环进给路线

2. 换刀加工时的进给路线

主要根据工步顺序要求决定各刀加工的先后顺序及各刀进给

路线的衔接。

3. 切入、切出及接刀点位置的选择

应选在有空刀槽或表面间有拐点、转角的位置，而曲线要求相切或光滑连接的部位不能作为切入、切出及接刀点的位置。

4. 阶梯切削进给路线

车削大余量工件常用阶梯切削进给路线，如图 3－31 所示为两种加工路线。因为在同样背吃刀量的条件下，按图 3－31（a）的方式加工所剩的余量过多，所以图 3－31（a）是错误的阶梯切削路线；而图 3－31（b）按 1～5 的顺序切削，每次切削所留余量相等，所以是正确的阶梯切削路线。

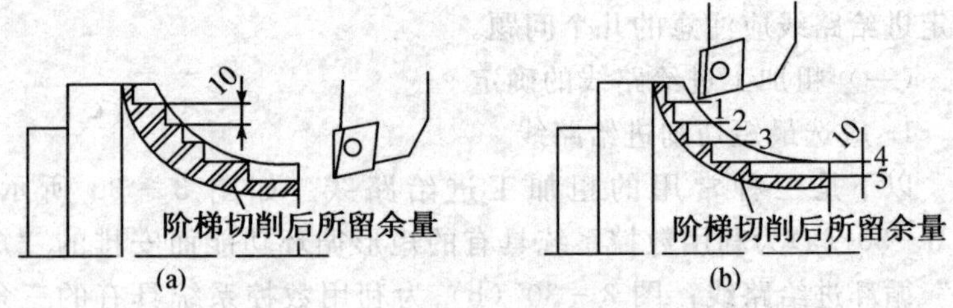

图 3－31　大余量毛坯的阶梯切削路线

（二）精加工进给路线的确定

1. 完工轮廓的进给路线

在安排一刀或多刀进行的精加工进给路线时，其零件的完工轮廓应由最后一刀连续加工而成，并且加工刀具的进、退刀位置要考虑妥当，尽量不要在连续的轮廓中安排切入和切出或换刀及停顿，以免因切削力突然变化而造成弹性变形，致使光滑连续轮廓上产生表面划伤、形状突变或滞留刀痕等缺陷。

2. 各部位精度要求不一致的精加工进给路线

若各部位精度相差不是很大时，应以最严的精度为准，连续走刀加工所有部位；若各部位精度相差很大，则精度接近的表面安排在同一把刀走刀路线内加工，并先加工精度较低的部位，最后再单独安排精度高的部位的走刀路线。

3. 空行程路线的确定

为了提高加工效率，空行程路线应在保证加工质量的前提下，设置为最短。首先应通过巧妙设置对刀点及换刀点，缩短空行程路线。另外可以通过合理安排回零路线：在手工编制较为复杂轮廓的加工程序时，为使其计算过程尽量简化，既不出错，又便于校核，编程者有时将每一刀加工完后的刀具终点通过执行“回零”（即返回对刀点）指令，使其全都返回到对刀点位置，然后再执行后续程序。这样会增加进给路线的距离，从而降低生产效率。因此，在合理安排“回零”路线时，应使其前一刀终点与后一刀起点间的距离尽量减短，或者为零，即可满足进给路线为最短的要求。另外，在选择返回对刀点指令时，在不发生加工干涉现象的前提下，宜尽量采用 x、z 坐标轴双向同时“回零”指令，该指令功能的“回零”路线将是最短的。

五、切削用量的选择

（一）合理确定切削用量的意义

数控车削加工中的切削用量包括：背吃刀量 a_p、主轴转速 n 或切削速度 v（用于恒线速度切削）、进给速度或进给量 f。这些参数均应在机床给定的允许范围内选取。车削用量（a_p、f、v）选择是否合理，对于能否充分发挥机床潜力与刀具切削性能，实现优质、高产、低成本和安全操作具有很重要的作用。

（二）确定车削用量的原则

1. 粗车时切削用量的选择

粗车时，首先考虑选择尽可能大的背吃刀量 a_p，其次选择较大的进给量 f，最后确定一个合适的切削速度 v。增大背吃刀量 a_p 可使走刀次数减少，增大进给量 f 有利于断屑。总的原则是以提高生产率为主，兼顾经济性和加工成本。

2. 精车时切削用量的选择

精车时，加工精度和表面粗糙度要求较高，加工余量不大且较均匀，因此选择精车的切削用量时，应着重考虑如何保证加工质量，并在此基础上尽量提高生产率。因此，精车时应选用较小（但不能太小）的背吃刀量 a_p 和进给量 f，并选用性能高的刀具材料和合理的几何参数，以尽可能提高切削速度 v。表 3-3 为推荐的切削用量表。

表 3-3　推荐的切削用量

<table>
<tr><th>工件材料</th><th>加工内容</th><th>切削用量
(mm)</th><th>切削速度
(mm/min)</th><th>进给量
(mm/r)</th><th>刀具材料</th></tr>
<tr><td rowspan="6">碳素钢
σ_b>600MPa</td><td>粗加工</td><td>5～7</td><td>60～80</td><td>0.2～0.4</td><td rowspan="3">YT 类</td></tr>
<tr><td>粗加工</td><td>2～3</td><td>80～120</td><td>0.2～0.4</td></tr>
<tr><td>精加工</td><td>2～6</td><td>120～150</td><td>0.1～0.2</td></tr>
<tr><td>钻中心孔</td><td></td><td>500～800r/min</td><td></td><td rowspan="2">W18CVr 4V</td></tr>
<tr><td>钻孔</td><td></td><td>20～30</td><td>0.1～0.2</td></tr>
<tr><td colspan="2">切断［宽度（5mm）］</td><td>70～110</td><td>0.1～0.2</td><td>YT 类</td></tr>
<tr><td rowspan="3">铸铁
200HBS 以下</td><td>粗加工</td><td></td><td>50～70</td><td>0.2～0.4</td><td rowspan="3">YG 类</td></tr>
<tr><td>精加工</td><td></td><td>70～100</td><td>0.1～0.2</td></tr>
<tr><td colspan="2">切断［宽度（5mm）］</td><td>50～70</td><td>0.1～0.2</td></tr>
</table>

（三）另外选择切削用量应注意的几个问题

1. 主轴转速

主轴转速应根据零件上被加工部位的直径，并按零件和刀具的材料及加工性质等条件所允许的切削速度来确定。切削速度除了计算和查表选取外，还可根据实践经验确定，需要注意的是交流变频调速数控车床低速输出力矩小，因而切削速度不能太低。根据切削速度可以计算出主轴转速。

2. 车螺纹时的主轴转速

数控车床加工螺纹时，因其传动链的改变，原则上其转速只要能保证主轴每转一周时，刀具沿主进给轴（多为 z 轴）方向位移一个螺距即可，不应受到限制。但数控车螺纹时，会受到以下几方面的影响：

（1）螺纹加工程序段中指令的螺距值，相当于以进给量 f(mm/r)表示的进给速度，如果将机床的主轴转速选择过高，其换算后的进给速度（mm/min）则必定大大超过正常值。

（2）刀具在其位移过程的始/终，都将受到伺服驱动系统升/降频率和数控装置插补运算度的约束，由于升/降频特性满足不了加工需要等原因，则可能因主进给运动产生出的“超前”和“滞后”而导致部分螺纹的螺距不符合要求。

（3）车削螺纹必须通过主轴的同步运行功能来实现，即车削螺纹需要有主轴脉冲发生器（编码器）。当主轴转速过高时，通过编码器发出的定位脉冲将可能因“过冲”而导致工件螺纹产生乱纹，即俗称“烂牙”。

六、典型数控车削工艺实例

零件如图 3－32 所示。毛坯为 ϕ85mm×45mm 的棒料，材料为 45# 钢。

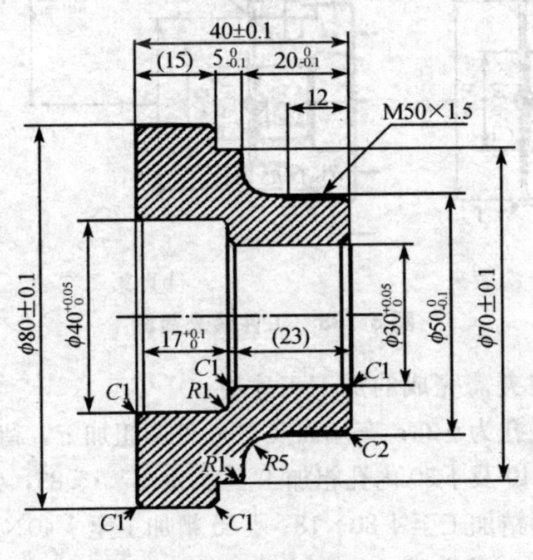

图 3－32　零件图

1. 分析图纸

(1) 加工内容：包括车端面、外圆、螺纹、圆弧、倒角等。

(2) 工件坐标系：该零件加工需掉头，从图纸上尺寸标注分析应设置两个工件坐标系，两个工件原点均定于零件装夹后的右端面（精加工面）。

2. 制定工艺方案

(1) 装夹定位方式

此工件一次装夹不能完成加工，必须分两次装夹。因工件右端外表面为螺纹不适于做装夹表面，所以第一次装夹工件的右端面，加工左端面，使用三爪卡盘夹持。如图 3－33 所示。

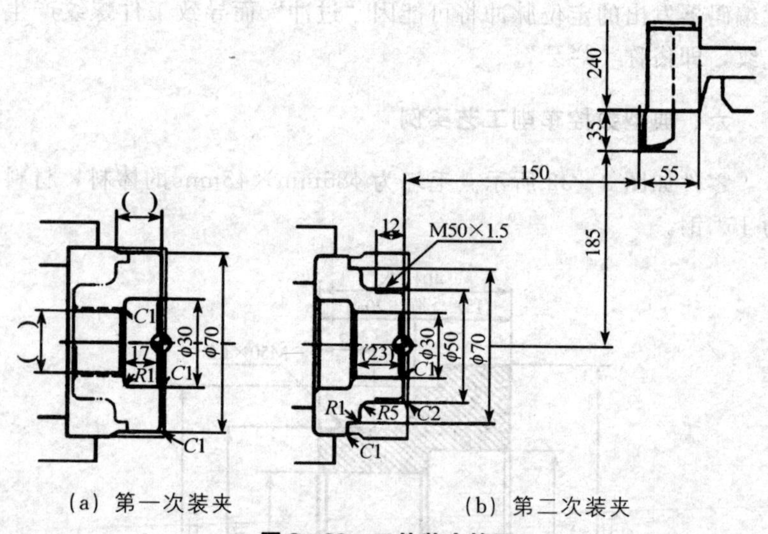

图 3－33 工件装夹简图

第一次装夹需完成的加工工序有：

钻 ϕ30 底孔为 ϕ28；车端面及 ϕ80 外圆粗加工，留 0.2mm 精加工余量；车 ϕ40 及 ϕ30 内孔粗加工至 ϕ39.7×16.85，ϕ29.7；车端面及 ϕ80 外圆精加工至 ϕ80×18；ϕ40 精加工至 ϕ40×17。

第二次装夹需完成的加工工序有：

外圆粗加工（复合循环），留 0.2mm 精加工余量；ϕ 30 内孔精加工至 ϕ 30×23；外圆精加工至尺寸（复合循环）；车螺纹 M50。

（2）工步、刀具及切削用量的确定

设计该零件的工步内容、选用刀具及切削用量的如表 3－4。

表 3－4　　　　数控加工工序卡片

零件号		零件名称			编制日期			
程序号					编制			
工步号	程序段号	工步内容	刀具名称		切削用量			备注
			刀片材质	刀具号	S 功能	F 功能	切深/mm	
1	N11	钻 ϕ30 底孔为 ϕ28	ϕ28 钻头		$V=90\text{m}\cdot\text{min}^{-1}$	0.2 （半径）		
			P20	T1111	S1000			
2	N12	车端面及 ϕ80 外圆粗加工，留 0.2mm 精加工余量	粗车刀		$V=90\text{m}\cdot\text{min}^{-1}$	$f=0.3\text{mm}\cdot r^{-1}$ F0.3	5.0 （半径）	
			P20	T0101	（G96）S120			
3	N13	车 ϕ40 及 ϕ30 内孔粗加工至 ϕ39.7×16.85，ϕ29.7	ϕ25 内孔镗		$V=90\text{m}\cdot\text{min}^{-1}$	$f=0.25\text{mm}\cdot r^{-1}$ F0.25	5.0 （半径）	第一次装夹
			P20	T0303	（G96）S120			
4	N14	车端面及 ϕ80 外圆精加工至 ϕ80×18	精车刀		$V=90\text{m}\cdot\text{min}^{-1}$	$f=0.2\text{mm}\cdot r^{-1}$ F0.2	0.2 （半径）	
			P10	T0505	（G96）S180			
5	N15	ϕ40 精加工至 ϕ40×17	ϕ25 内孔镗刀		$V=90\text{m}\cdot\text{min}^{-1}$	$f=0.1\text{mm}\cdot r^{-1}$ F0.1	0.15 （半径）	
			P10	T0707	（G96）S180			

续表

零件号		零件名称				编制日期		
程序号					编制			
工步号	程序段号	工步内容	刀具名称		切削用量			备注
			刀片材质	刀具号	S 功能	F 功能	切深/mm	
6	N16	外圆粗加工（复合循环），留 0.2mm 精加工余量	精车刀		$V=90\text{m}\cdot\text{min}^{-1}$	$f=0.3\text{mm}\cdot r^{-1}$	5.0	第二次装夹
			P10	T0101	（G96） S120	F0.3	（半径）	
7	N17	ϕ30 内孔精加工至 ϕ30×23	精车刀		$V=90\text{m}\cdot\text{min}^{-1}$	$f=0.1\text{mm}\cdot r^{-1}$	0.15	
			P10	T0707	（G96） S180	F0.1	（半径）	
8	N18	外圆精加工至尺寸（复合循环）	精车刀		$V=90\text{m}\cdot\text{min}^{-1}$	$f=0.2\text{mm}\cdot r^{-1}$	0.2	
			P10	T0505	（G96） S180	F0.2	（半径）	
9	N19	车螺纹 M50	螺纹车刀		$V=90\text{m}\cdot\text{min}^{-1}$	$f=1.5\text{mm}\cdot r^{-1}$		
			P10	T0909	S630	F1.5		

3. 绘制走刀路线图

绘制时应特别注意设计好刀具进刀、退刀路线，以防止刀具在运动中与夹具、工件等发生碰撞。图 3－34（a)、图 3－34（b)、图 3－34（c)、图 3－34（d)、图 3－34（e）分别为工件第一次装夹加工从工步 1 至工步 5 的走刀路线图。

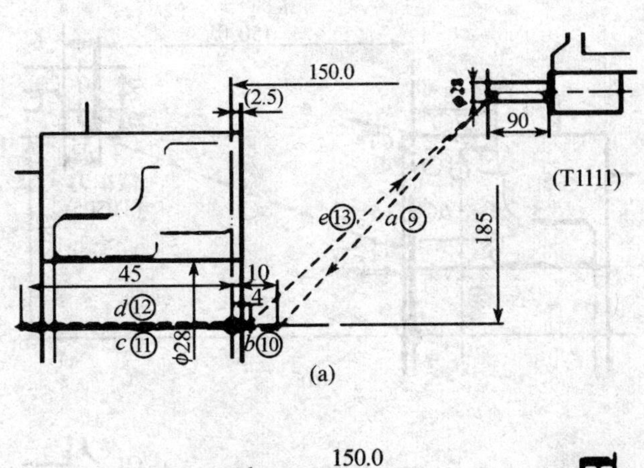

150.0
(2.5)
90
(T1111)
e⑬
a⑨
185
45
10
4
d⑫
c⑪
φ28
b⑩

150.0
18
0.2
a
h
60
13.5
55
e
d
c
b
c
0.2
粗车刀
(T0101)
185
φ28

150.0
14
φ25
60
(T0303)
17.0
a
b
e
精车余量0.15mm
c
d
2.0
43
φ28
185

(a)

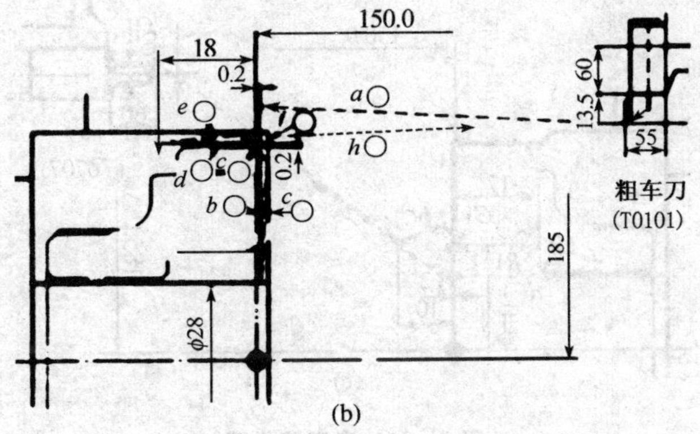

(b)

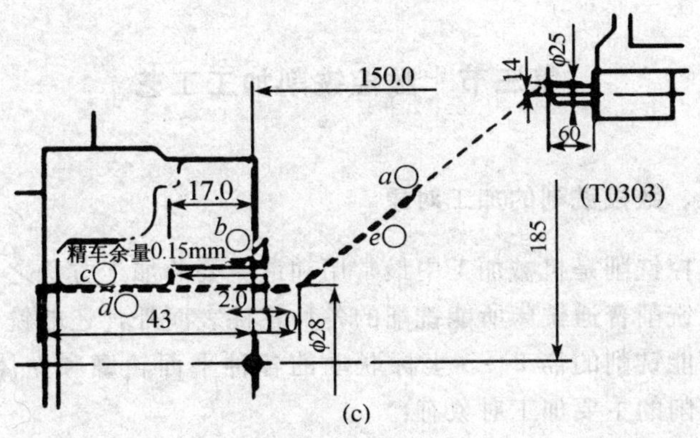

(c)

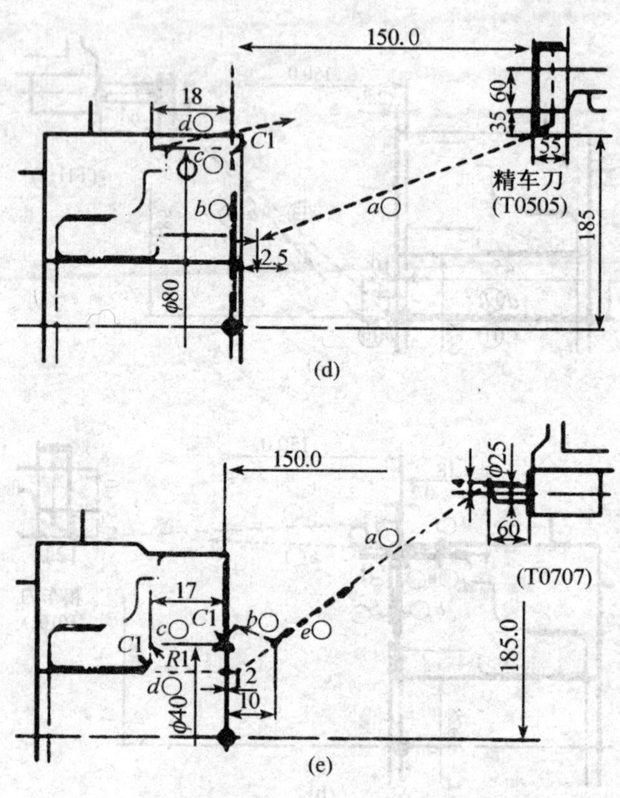

图 3-34 走刀路线图

第三节 数控铣削加工工艺

一、数控铣削的加工对象

数控铣削是机械加工中最常用和最主要的加工方法之一。它除了能铣削普通铣床所能铣削的各种零件表面外，还能铣削普通铣床不能铣削的需 2～5 坐标联动的各种平面轮廓和立体轮廓。数控铣削的主要加工对象有：

（一）平面类零件

加工面与水平面的夹角为定角的零件称为平面类零件。目前在数控铣床上加工的绝大多数零件属于平面类零件。平面类零件的特点是：加工面为平面，或可以展开成平面。如图 3－35 所示的三个零件均为平面类零件。图中的曲线轮廓面 M 和圆台侧面 N，展开后均为平面，P 为斜平面。平面类零件是数控铣床加工对象中最简单的一类零件。一般只需三坐标数控铣床的两坐标联动就可以加工出来。

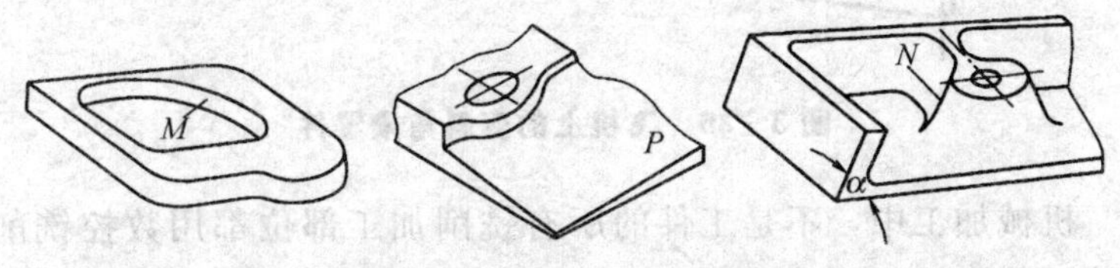

图 3－35　典型的平面类零件

（二）曲面类（立体类）零件

加工面为空间曲面的零件称为曲面类零件，如模具、叶片、螺旋桨等。曲面类零件的特点是：加工面不能展开为平面；加工面与铣刀始终为点接触。这类零件在数控铣床的加工中也较为常见，通常采用两轴半联动数控铣床来加工精度要求不高的曲面；精度要求高的曲面需用三轴联动数控铣床加工；若曲面较复杂，通道较狭窄时，采用四坐标或五坐标数控铣床。

（三）变斜角类零件

加工面与水平面的夹角呈连续变化的零件称为变斜角类零件。这类零件多为飞机零件，如飞机上的整体框、梁、缘条、肋等；还有检验夹具与装配型架等也属于变斜角类零件。这类零件特点是：加工面不能展开为平面，但在加工中，铣刀圆周与加工面接触的瞬间为一条直线。图 3－36 所示是飞机上的一种变斜角梁椽条，该零件在第 2 肋至第 5 肋的斜角 α 从 3°10′均匀变化为

2°32′，从第 5 肋至第 9 肋再均匀变化为 1°20′，从第 9 肋到第 12 肋又均匀变化至 0°。变斜角类零件一般采用 4 轴或 5 轴联动的数控铣床加工，也可以在三轴数控铣床上通过两轴联动用鼓形铣刀分层近似加工，但后者精度稍差。

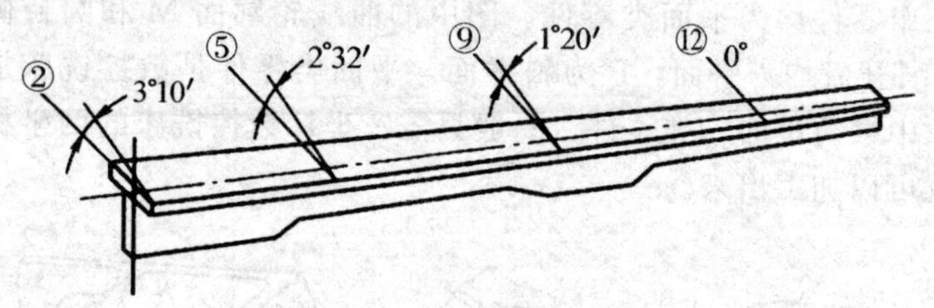

图 3－36 飞机上的变斜角梁零件

机械加工中，不是工件的所有铣削加工部位都用数控铣削，有的用普通铣削即可，下面列出最适合数控铣削的加工内容：

(1) 工件上的曲线轮廓表面，特别是由数学表达式给出的非圆曲线和列表曲线等曲线轮廓；

(2) 能在一次装夹中顺带铣出来的简单表面或形状；

(3) 用通用铣床加工时难以观察、测量和控制进给的内、外凹槽；

(4) 给出数学模型的空间曲面或通过测量数据建立的空间曲面；

(5) 形状复杂、尺寸繁多、画线与检测困难的部位；

(6) 采用数控铣削能成倍提高生产率，大大减轻体力劳动的一般加工内容。

下面为不适合采用数控铣削加工的内容：

(1) 简单的粗加工面；

(2) 毛坯上的加工余量不太充分或不太稳定的部位；

(3) 需要进行长时间占机人工调整的粗加工内容；

(4) 必须用细长铣刀加工的部位，一般指狭长身槽或高筋板小转接圆弧部位。

二、加工方法的选择

数控铣削的表面主要有平面、曲面、轮廓，孔和螺纹等，主要要考虑到所选加工方法要与零件的表面特征、所要求达到的精度及表面粗糙度相适应。

平面的加工方法主要是铣削。粗铣后的平面，尺寸精度可选IT12～14 级（指两平面之间的尺寸），表面粗糙度 *Ra* 值可达12.5～25。粗、精铣后的平面，尺寸精度可达 IT7～IT9 级，表面粗糙度 *Ra* 值可达 1.6～3.2。

孔加工的方法比较多，有钻削、扩削、铰削和镗削等。对于直径大于 ϕ30mm 的已铸出或锻出的毛坯孔的加工，一般采用粗镗-半精镗-孔口倒角-精镗的加工方案；孔径较大的可采用立铣刀粗铣-精铣加工方案。对于直径小于 ϕ30mm 的无毛坯孔的加工，通常采用锪平端面-打中心孔-钻-扩-孔口倒角-铰加工方案；对有同轴度要求的小孔，需采用锪平端面-打中心孔-钻-半精镗-孔口倒角-精镗（或铰）加工方案。孔口倒角安排在半精加工之后、精加工之前，以防孔内产生毛刺。

螺纹的加工根据孔径的大小，一般情况下，直径在 M6—M20mm 之间的螺纹，通常采用攻螺纹的方法加工；直径在M6mm 以下的螺纹，在加工中心上完成基孔加工再通过其他手段攻螺纹。因为加工中心上攻螺纹不能随机控制加工状态，小直径丝锥容易折断；直径在 M20mm 以上的螺纹，可采用镗刀镗削加工。

三、夹具的选择

选择夹具应遵循以下原则：

(1) 为了提高加工效率和保证加工精度，在一次装夹后尽可能加工出全部或大部分待加工表面，减少装夹次数；

（2）零件的装夹定位要有利于对刀；

（3）尽量采用组合夹具、通用夹具，避免采用专用夹具；

（4）装卸零件要方便可靠，能迅速完成零件的定位、夹紧和拆卸过程，以减少加工辅助时间；

（5）夹具要敞开，避免加工路径中刀具与夹具元件发生碰撞。

四、切削方式及进给路线的确定

（一）切削方式的确定

切削方式分为顺铣和逆铣两种。铣刀旋转方向与工件的进给方向相反时称为逆铣，相同时称为顺铣。选择何种切削方式，进给路线的安排也是不同的。当工件表面有硬皮，机床的进给机构有间隙时，应选用逆铣，按照逆铣方式安排进给路线。因为逆铣时，刀齿是从已加工表面切入，不会崩刃；机床进给机构的间隙不会引起振动和爬行，这正符合粗铣的要求，因此粗铣时应尽量采用逆铣。当工件表面无硬皮，机床进给机构无间隙时，应选用顺铣，按照顺铣方式安排进给路线。因为采用顺铣加工后，零件已加工表面质量好，刀齿磨损小，这正符合精铣的要求，因此，精铣时，尤其是零件材料为铝镁合金、钛合金或耐热合金时，应尽量采用顺铣。

（二）进给路线的确定

1. 二维内、外轮廓的加工

铣削平面零件外轮廓时，一般是采用立铣刀侧刃切削。刀具切入、切出零件时，应从切向进入轮廓进行加工，当轮廓加工完毕后，要安排一段沿切线方向继续运动的距离退刀，这样可避免若刀具沿零件轮廓的法向切入，容易在切入点和切出点产生接刀刻痕。图 3－37 为铣削外圆采取的走刀路线，其进、退刀采取的是沿切向的直线段。对于内轮廓的加工，切向进、退刀应采取圆弧段。

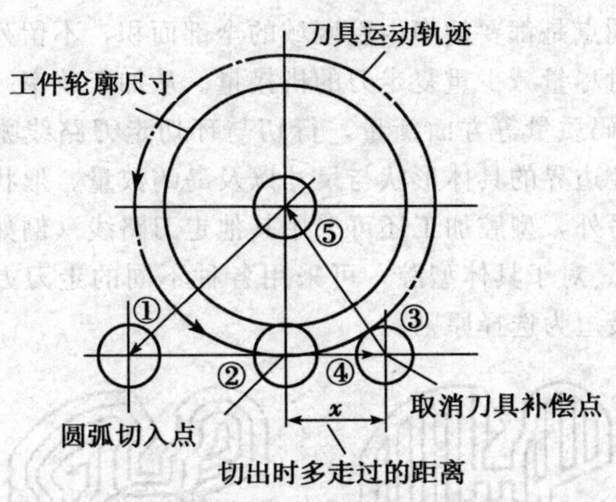

图 3－37　铣削外圆的走刀路线

2. 二维型腔的加工

如图 3－38 所示，型腔是指具有封闭边界轮廓的平底或曲底凹坑，而且可能具有一个或多个不加工的岛屿，当型腔底面为平面时即为二维型腔。型腔类零件在模具、飞机零件加工中应用普遍。型腔的加工包括型腔区域的加工与轮廓（包括边界与岛屿轮廓）的加工，一般采用立铣刀或成形刀进行加工。

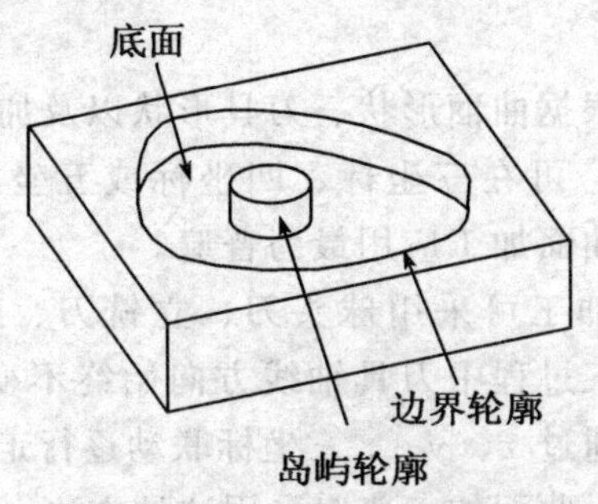

图 3－38　型腔类零件示意图

型腔的切削分两步，第一步切内腔，第二步切轮廓。切削内腔区域时，主要采用环切和行切两种走刀路线，如图 3－39 所示。其共同点是都要切净内腔区域的全部面积，不留死角，不伤轮廓，同时尽量减少重复走刀的搭接量。从加工效率（走刀路线长短）、代码质量等方面衡量，行切与环切走刀路线哪个较好要取决于型腔边界的具体形状与尺寸以及岛屿数量、形状尺寸与分布情况。另外，型腔加工还可采用其他走刀路线（例如行切与环切的混合）。对于具体型腔，可采用各种不同的走刀方式，并以加工时间最短为选择原则。

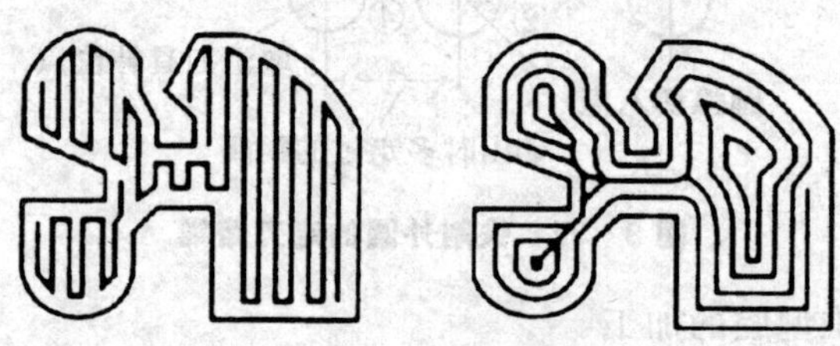

图 3-39 型腔加工走刀路线

对于在型腔深处进行切削时（刀具长度大于三倍直径），采用侧铣很容易产生振动，这时最好采用插铣（轴向铣削）。另外，使用整体硬质台金刀具精加工型腔壁时，一般使用顺铣。但是，加工工件壁较高时，应选择逆铣，这样刀具产生的弯曲小。

3. 曲面加工

曲面加工应根据曲面形状、刀具形状以及加工精度要求采用不同的铣削方法，可在三坐标、四坐标或五坐标数控机床上完成，其中三坐标曲面加工应用最为普遍。

三坐标曲面加工可采用球头刀、立铣刀、鼓形刀和成形刀等，其特征是加工过程中刀具轴线方向始终不变，平行于 Z 轴。三坐标曲面加工通过 x、y、z 三坐标联动逐行走刀来完成，这种方法称为行切法。曲面加工普遍采用这种方法。

五、切削用量的选择

切削参数包括主轴转速、进给速度以及切削深度和切削宽度。对粗、精加工，钻、绞、镗孔和攻螺纹等不同的切削用量，都应编写在程序单内。合理确定切削用量的原则是：粗加工时，以提高生产率为主，但也应考虑经济性和加工成本；半精加工和精加工时，应在保证加工质量的前提下，兼顾切削效率、经济性和加工成本。

（一）与吃刀量有关参数的确定

铣削加工与吃刀量有关的参数包括背吃刀量 a_p 和侧吃刀量 a_e。

1. 背吃刀量 a_p 和侧吃刀量 a_e 的概念

背吃刀量 a_p 为平行于铣刀轴线测量的切削层尺寸，单位为mm。端铣时 a_p 为切削层深度；周铣时 a_p 为被加工表面的宽度。侧吃刀量 a_e 为垂直于铣刀轴线测量的切削层尺寸，单位为 mm。端铣时 a_e 为被加工表面宽度；周铣时 a_e 为切削层深度。示意图如图 3－40 所示。

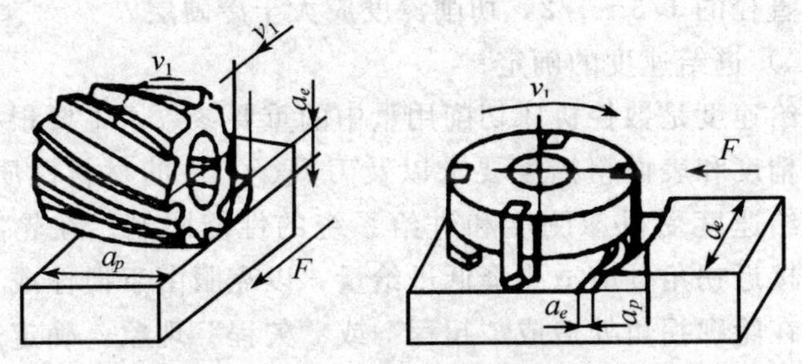

图 3－40　铣削切削用量

2. 背吃刀量 a_p 和侧吃刀量 a_e 的确定

首先选取背吃刀量或侧吃刀量，其次确定进给速度，最后确定切削速度。由于吃刀量对刀具耐用度影响最小，背吃刀量 a_p 和侧吃刀量 a_e 的确定主要根据机床、夹具、刀具、工件的刚度和被加工零件的精度要求来决定。如果零件精度要求不高，在工艺系统刚度允许的情况下，最好一次切净加工余量，即 a_p 或 a_e

等于加工余量，从而提高加工效率；如果零件精度要求高，为保证表面粗糙度和精度，只能采用多次走刀。

（1）工件表面粗糙度 Ra 值要求为 12.5～25μm 时，如果圆周铣削的加工余量小于 5mm，端铣的加工余量小于 6mm，粗铣一次就可以达到要求。但在余量较大，工艺系统刚性较差或机床动力不足时，可分两次进给完成。

（2）工件表面粗糙度 Ra 值要求为 3.2～12.5μm 时，可分粗铣和半精铣两步进行。粗铣时背吃刀量或侧吃刀量选取同前，粗铣后留 0.5～10mm 余量，在半精铣时切除。

（3）工件表面粗糙度 Ra 值要求为 0.8～3.2μm 时，可分粗铣、半精铣、精铣三步进行。半精铣时背吃刀量或侧吃刀量取 1.5～2mm；精铣时圆周铣侧吃刀量取 0.3～0.5mm，面铣刀背吃刀量取 0.5～1mm。

另外，为提高切削效率要尽量选用大直径的铣刀；切削宽度取刀具直径的 1/3～1/2，切削深度应大于冷硬层。

（二）进给速度的确定

进给速度是数控机床切削用量中的重要参数，主要根据零件的加工精度和表面粗糙度要求以及刀具、工件的材料性质选取。最大进给速度受机床刚度和进给系统的性能限制。在轮廓加工中，在接近拐角处应适当降低进给量，以克服由于惯性或工艺系统变形在轮廓拐角处造成“超程”或“欠程”现象。确定进给速度应遵循以下原则：

（1）当工件的质量要求能够得到保证时，为提高生产效率，应选择较高的进给速度，一般在 100～200mm/min 范围内选取；

（2）刀具空行程时，为节省加工时间应选择该机床数控系统给定的最高进给速度；

（3）当加工精度、表面粗糙度要求高时，进给速度应选小些，一般在 20～50mm/min 范围内选取；

（4）在切断、加工深孔或用高速钢刀具加工时应选择较低的进给速度，一般在 20～50mm/min 范围内选取。

六、典型数控铣削工艺实例

加工零件如图 3-41 所示，毛坯尺寸：长×宽×高为 170mm×110mm×50mm，材料为 HT200，分析该零件的数控铣削加工工艺。

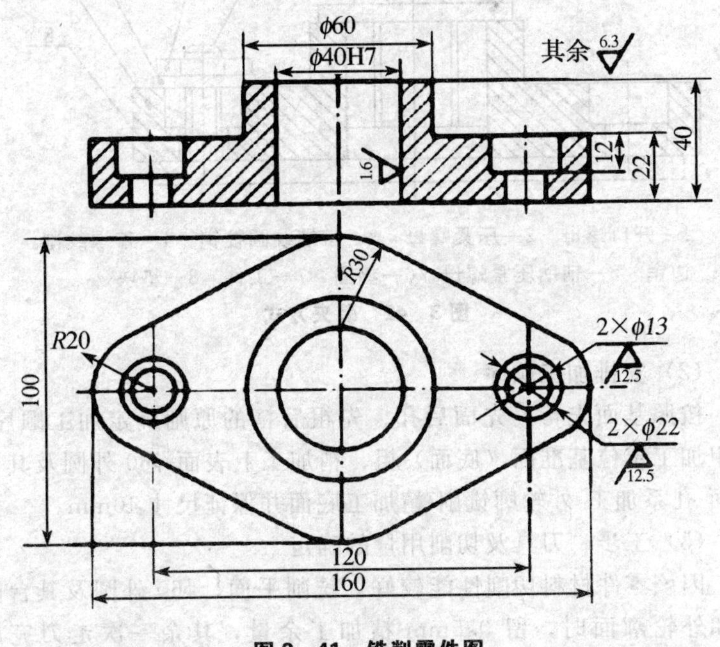

图 3-41 铣削零件图

1. 分析图纸

该零件主要由平面、孔系及外轮廓组成，平面与外轮廓表面粗糙度要求 Ra 值为 6.3μm，可采用粗铣-精铣方案。

2. 制定工艺方案

(1) 装夹定位方式

根据零件的结构特点，加工上表面、ϕ60 外圆及其台阶面和孔系时，选用平口虎钳夹紧；铣削外轮廓时，采用一面两孔定位方式，即以底面、ϕ40H7 和一个 ϕ13 孔定位，装夹方式如图 3-42 所示。

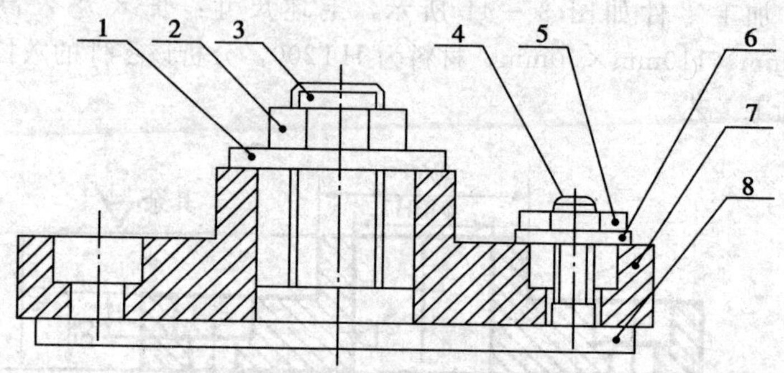

1—开口螺母 2—压紧螺母 3—带螺纹圆柱销 4—带螺纹削边销 5—辅助压紧螺母 6—垫圈 7—工件 8—垫块

图 3-42 装夹方式

（2）安排加工顺序

按照基面先行、先面后孔、先粗后精的原则确定加工顺序，即粗加工定位基准面（底面）-粗、精加工上表面-ϕ60 外圆及其台阶面-孔系加工-外轮廓铣削-精加工底面并保证尺寸 40mm。

（3）工步、刀具及切削用量的确定

因该零件材料切削性能较好，铣削平面、ϕ60 外圆及其台阶面和外轮廓面时，留 0.5mm 精加工余量，其余一次走刀完成粗铣。

主轴转速时应先查切削用量手册，硬质合金铣刀加工铸铁（190HB～260HB）时的切削速度为 45～90m/min，取 v_c＝70m/min，然后根据铣刀直径计算主轴转速。（若机床为有级调速，应选择与计算结果接近的转速）。

进给速度的取值应根据铣刀齿数、主轴转速和切削用量手册中给出的每齿进给量，计算出进给速度。

将确定的零件加工顺序、采用的刀具和切削用量等参数编入表 3-5 所示的数控加工工序卡片中，以指导编程和加工操作。

表 3-5　　数控加工工序卡片

<table>
<tr><td colspan="2">单位名称</td><td colspan="2"></td><td>产品名称</td><td></td><td>零件名称</td><td colspan="2">端盖</td></tr>
<tr><td colspan="2">工序号</td><td colspan="2"></td><td>程序编号</td><td></td><td>使用设备</td><td colspan="2">XK5025/4</td></tr>
<tr><td colspan="2">夹具名称</td><td colspan="7">平口虎钳和一面两销</td></tr>
<tr><td>工步号</td><td>工步内容（mm）</td><td>刀具号</td><td>刀具规格（mm）</td><td colspan="2">主轴转速（r・min^{-1}）</td><td>进给速度（mm・min^{-1}）</td><td>背吃刀量（mm）</td><td>备注</td></tr>
<tr><td>1</td><td>粗铣定位基准面（底面）</td><td>T01</td><td>ϕ125</td><td colspan="2">180</td><td>40</td><td>4</td><td>自动</td></tr>
<tr><td>2</td><td>粗铣上表面</td><td>T01</td><td>ϕ125</td><td colspan="2">180</td><td>40</td><td>5</td><td>自动</td></tr>
<tr><td>3</td><td>精铣上表面</td><td>T01</td><td>ϕ125</td><td colspan="2">180</td><td>25</td><td>0.5</td><td>自动</td></tr>
<tr><td>4</td><td>粗铣 ϕ60 外圆及其台阶面</td><td>T02</td><td>ϕ63</td><td colspan="2">360</td><td>40</td><td>5</td><td>自动</td></tr>
<tr><td>5</td><td>精铣 ϕ60 外圆及其台阶面</td><td>T02</td><td>ϕ63</td><td colspan="2">360</td><td>25</td><td>0.5</td><td>自动</td></tr>
<tr><td>6</td><td>钻 ϕ40H7 底孔</td><td>T03</td><td>ϕ38</td><td colspan="2">200</td><td>40</td><td>19</td><td>自动</td></tr>
<tr><td>7</td><td>粗镗 ϕ40H7 内孔表面</td><td>T04</td><td>25×25</td><td colspan="2">600</td><td>40</td><td>0.8</td><td>自动</td></tr>
<tr><td>8</td><td>精镗 ϕ40H7 内孔表面</td><td>T04</td><td>25×25</td><td colspan="2">500</td><td>30</td><td>0.2</td><td>自动</td></tr>
<tr><td>9</td><td>钻 2×ϕ13 螺孔 25</td><td>T05</td><td>ϕ13</td><td colspan="2">500</td><td>30</td><td>6.5</td><td>自动</td></tr>
<tr><td>10</td><td>2×ϕ22 锪孔</td><td>T06</td><td>22×14</td><td colspan="2">350</td><td>25</td><td>4.5</td><td>自动</td></tr>
</table>

续表

单位名称		产品名称		零件名称	端盖	
工序号		程序编号		使用设备	XK5025/4	
夹具名称	平口虎钳和一面两销					
工步号	工步内容（mm）	刀具号	刀具规格（mm）	主轴转速（$r \cdot min^{-1}$）	进给速度（$mm \cdot min^{-1}$）	背吃刀量（mm）	备注
11	粗铣外轮廓	T07	ϕ25	900	40	11	自动
12	精铣外轮廓	T07	ϕ25	900	25	22	自动
13	精铣定位基面至尺寸40	T01	ϕ125	180	25	0.2	自动

第四节　数控电火花线切割加工工艺

电火花线切割加工是在电火花加工基础上发展起来的一种新的工艺形式，是用线状电极（铜丝或钼丝）靠火花放电对工件进行切割，故称为电火花线切割。电火花线切割加工机床的运动由数控装置控制时，称为数控线切割加工。

一、数控线切割加工概述

数控线切割加工的基本原理是利用移动的细金属丝（铜丝或钼丝）作为工具电极（接高频脉冲电源的负极），对工件（接高频脉冲电源的正极）进行脉冲火花放电而切割成所需的工件形状与尺寸。

根据电极丝的运行速度，数控线切割机床通常分为两大类：

一类是快走丝数控线切割机床，这类机床的电极丝作高速往复运动，一般走丝速度为8～12m/s；另一类是慢走丝数控线切割机床，这类机床的电极丝作低速单向运动，一般走丝速度为0.2m/s。下面就这两类机床的特点和应用作简要叙述。

（一）快走丝数控线切割机床

快走丝数控线切割机床通常使用钼丝作为电极，切割速度达350mm²/min，即单位时间内电极丝中心线在工件上切过的面积总和为350mm²/min；切割零件的表面粗糙度一般为$Ra1.25$～$2.5\mu m$，最佳也只有$Ra1\mu m$；线切割零件的加工精度在0.01～0.02mm左右。

（二）慢走丝数控线切割机床

慢走丝数控线切割机床使用铜丝作为加工电极，且铜丝仅使用一次，不重复使用。线切割速度为40～80mm²/min，即单位时间内电极丝中心线在工件上切过的面积总和为40～80mm²/min；所加工的工件表面粗糙度一般可达$Ra1.25\mu m$，最佳可达$Ra0.2\mu m$左右；零件的加工精度在0.002～0.005mm。所以在加工高精度零件时，慢走丝数控线切割机床得到了广泛的应用。

（三）数控线切割加工的应用

数控线切割加工为新产品的试制、精密零件及模具加工开辟了一条新的途径，主要应用于以下几个方面。

（1）加工模具

（2）加工电火花成形加工用的电极

（3）加工零件　在试制新产品时，用线切割在板料上直接割出零件，由于不需另行制造模具，可大大缩短制造周期、降低成本。加工薄件时还可多片叠在一起加工。在零件制造方面，可用于加工品种多、数量少的零件，特殊难加工材料的零件，材料试验样件，各种型孔、凸轮、样板、成形刀具，同时还可以进行微细加工和异形槽加工等。

在选择数控线切割机床时一般情况都选快走丝数控线切割机

床，只有在加工高精度零件时，才选择慢走丝数控线切割机床。

二、电火花线切割加工特点和应用

（一）电火花线切割加工的特点

（1）适合于机械加工方法难于加工的材料的加工，如淬火钢、硬质合金、耐热合金等。

（2）线为工具电极，节约了电极设计和制造费用和时间，能方便地加工形状复杂的外形和通孔，能进行套料加工。冲模加工的凸凹模间隙可以任意调节。

（3）被加工材料必须导电。

（4）不能加工盲孔。

（二）电火花线切割加工的应用

线切割广泛用于加工硬质合金、淬火钢模具零件、样板、各种形状复杂的细小零件、窄缝等。如形状复杂、带有尖角窄缝的小型凹模的型孔可采用整体结构在淬火后加工，既能保证模具精度，也可简化模具设计和制造。此外，电火花线切割还可加工除盲孔以外的其他难加工的金属零件。

线切割广泛用于加工硬质合金、淬火钢模具零件、样板、各种形状复杂的细小零件。

三、电火花线切割加工工艺

（一）电火花线切割加工工艺指标

（1）切割速度　即单位时间内电极丝中心线在工件上切过的面积总和，快走丝线为40～80mm^2/min，慢走丝可达350mm^2/min。

（2）切割精度　快走丝线切割精度可达0.01mm，一般为±0.015～0.02mm；慢走丝线切割精度可达±0.001mm左右。

（3）表面粗糙度　快走丝 Ra 值一般为1.25～2.5μm，最低可0.63～1.25μm；慢走丝线切割的 Ra 值可达0.3μm。

（二）影响工艺指标的主要因素

1. 脉主要参数的影响

（1）峰值电流　le 增大，加工速度提高，但表面粗糙度变差，电极丝损耗比加大甚至断丝。

（2）脉冲宽度 ti　加大 ti 可提高加工速度但表面粗糙度变差。

（3）脉冲间隔 t_0　t_0 减小时平均电流增大，切割速度加快，但 t_0 过小，会引起电弧和断丝。

2. 电极及其走丝速度的影响

（1）电极丝直径的影响　电极直径，一般为 $\phi=0.03\sim0.35$mm，电极丝直径越粗，切割速度越快，而且还有利于厚工件的加工。

（2）电极丝走丝速度的影响　在一定范围内，随着走丝速度的提高，线切割速度也可以提高。但过高，将使电极丝的振动加大、精度降低、切割速度。并使表面粗糙度变差，且易造成断丝，一般高速走丝以小于 10m/s 为宜。

（3）工件厚度及材料的影响　工件材料薄，工作液容易进入并充满放电间隙，对排屑和消电离有利，加工稳定性好。但工件太薄，金属丝易产生抖动，对加工精度和表面粗糙度不利。工件厚，工作液难于进入和充满放电间隙，加工稳定性差，但电极丝不易抖动，因此精度和表面粗糙度较好。

（三）线切割加工工艺过程

线切割加工工艺制定的内容主要有以下几个方面：零件图的工艺分析、工艺准备、加工参数的选择。

1. 零件图的工艺分析

主要分析零件的凹角和尖角是否符合线切割加工的工艺条件零件的加工精度、表面粗糙度是否在线切割加工所能达到的经济精度范围内。

尖角和凹角尺寸分析：①线电极轨迹与加工面距离 $l=d/2+\delta$ 线电极轨迹：②零件凹角半径：$R1\geqslant l=d/2+\delta$，零件尖角半径：$R2=R1-Z/2$；③精度和表面粗糙度的分析：加工精度和表面粗糙度应符合要求。

2. 线电极的选择

一般情况下，快速走丝机床常用钼丝作线电极，钨丝或其他昂贵金属丝因成本高而很少用，其他线材因抗拉强度低，在快速走丝机床上不能使用。慢速走丝机床上则可用各种铜丝、铁丝，专用合金丝以及镀层（如镀锌等）的电极丝。

3. 穿丝孔的确定

（1）穿丝孔的尺寸　直径一般 $\phi3\sim10$mm

（2）穿丝孔的位置

a. 凹模、孔类零件　为使切割轨迹短和便于编程，穿丝孔应设在边角处、在已知坐标尺寸的交点处或型孔中心。

b. 凸模类零件　为避免将坯件外形切断引起变形，应在坯料内打穿丝孔。

4. 工件校正和装夹

（1）工件校正；

（2）工件装夹方式。

5. 线电极位置的校正

（1）目视法　直接利用目视或借助于放大镜来确定线电极的坐标位置；

（2）火花法　利用线电极与工件在一定间隙时发生火花放电来确定线电极的坐标位置；

（3）自动法　利用机床自动找正功能找孔中心。

四、数控线切割加工工艺分析

数控线切割加工时，为了使工件达到图样规定的尺寸、形状位置精度和表面粗糙度要求，必须合理制定数控线切割加工工艺。只有工艺合理，才能高效率地加工出质量好的工件。下面就数控线切割加工工艺分析的主要问题进行讨论。

（一）零件图工艺分析

零件图分析对保证工件加工质量和工件的综合技术指标是有决定意义的第一步。首先对零件图进行分析以明确加工要求。其次，对工件上已加工表面进行分析确定哪些面可以作为工艺基准，采用什么方法定位。在确定工艺基准时，除了遵循基准选择原则外，还应从数控加工的特点出发，使工序尺寸的标注方便于编程。除此以外，还要分析零件的形状及材料热处理后的状态，考虑会不会在加工过程中发生变形，哪些部位最容易变形。线切割加工往往是最后一道工序，如果发生变形往往难以弥补。应在加工中采取措施。从而制定出合理的加工路线。

（二）工艺基准的选择

（1）分析选择主要定位基准以保证将工件正确、可靠地装夹在机床或夹具上。应尽量使定位基准与设计基准重合。

（2）选择某些工艺基准作为电极丝的定位基准，用来将电极丝调整到相对于工件正确的位置。对于以底平面作主要定位基准的工件，当其上具有相互垂直而且又同时垂直于底平面的相邻侧面时，应选择这两个侧面作为电极丝的定位基准。

（三）加工路线的选择

在加工中，工件内部应力的释放要引起工件的变形，所以在选择加工路线时，尽量避免破坏工件或毛坯结构刚性。因此要注意以下几点：

（1）避免从工件端面由外向里开始加工，破坏工件的强度，引起变形。应从穿丝孔开始加工。如图 3－43 所示。

（2）不能沿工件端面加工，这样放电时电极丝单向受电火花冲击力，使电极丝运行不稳定，难以保证尺寸和表面精度。

（3）加工路线距端面距离应大于 5mm。以保证工件结构强度少受影响而发生变形。

（4）加工路线应向远离工件夹具的方向进行加工，以避免加工中因内应力释放引起工件变形。待最后再转向工件夹具处进行加工。

（5）在一块毛坯上要切出两个以上零件不应该连续一次切割出来，而应从不同穿丝孔开始加工。如图 3-44 所示。

(a) 错误，从工件端面由外向里开始加工　(b) 正确，从穿丝孔开始加工

图 3-43　加工路线选择之一

(a) 错误，从同一穿丝孔开始加工　(b) 正确，从不同穿丝孔开始加工

图 3-44　加工路线选择之二

（四）确定穿丝孔的位置

（1）当切割凸模需设置穿丝孔时，位置可选在加工轨迹拐角附近以简化编程。

（2）切割凹模等零件的内表面时，将穿丝孔设置在工件对称中心对编程计算和电极丝定位都较为方便。但切入行程较长，不适合大型工件采用。

（3）在加工大型工件时，穿丝孔应设置在靠近加工轨迹边角处或选在已知坐标点上使运算简便，缩短切入行程。

（4）在加工大型工件时，还应沿加工轨迹设置多个穿丝孔，以便发生断丝时能就近重新穿丝，切入断丝点。

穿丝孔的设置具有一定灵活性，应根据具体情况确定。

（五）确定加工参数

加工参数主要包括脉冲宽度、脉冲间隙、脉冲频率、峰值电流等电参数和进给速度、走丝速度等机械参数。在电火花加工中，提高脉冲频率或增加单个脉冲的能量都能提高生产率，但工件加工表面的粗糙度和电极丝损耗也随之增大。因此，应综合考虑各参数对加工的影响，合理地选择加工参数，在保证工件加工精度的前提下，提高生产率，降低加工成本。

1. 脉冲宽度

脉冲宽度是指脉冲电流的持续时间。在其他加工条件相同的情况下，切割速度随着脉冲宽度的增加而增加。但是，电蚀物也随之增加，当脉冲宽度增加到使电蚀物来不及及时排除时，就会使加工不稳定、表面粗糙度增大、反而使切割速度降低。

2. 脉冲间隔

其他条件不变，减小相邻两个脉冲之间的时间，相当于提高了脉冲频率增加的单位时间内的放电次数，使切割速度提高。但是，当脉冲间隙减小到一定程度之后，电蚀物不能及时排除，加工间隙的绝缘强度来不及恢复，破坏了加工的稳定性，也会使切割速度下降。

3. 峰值电流

峰值电流是指放电电流的最大值。峰值电流对切割速度的影响也就是单个脉冲能量对加工速度的影响，它和脉冲宽度对切割速度和表面粗糙度的影响相似，但程度更大些。因此，合理的增大脉冲电流的峰值，对提高切割速度是最为有效的。但电极丝的损耗也随之增大。容易造成断丝，欲速而不达。

4. 线切割加工的生产率

单位时间内所切割工件的面积为线切割加工切割速度，亦即生产率。也就是通常所说的加工快慢，因此，也有用电极丝沿加工轨迹的进给速度作为电火花线切割加工的切割速度。但是，即便加工参数相同，对不同的工件厚度，这个进给速度是不一样的。因此采用电极丝沿加工轨迹的进给速度乘以工件厚度来表示电火花线切割加工的速度是比较科学的。

（六）加工实例：防松垫圈的加工

某机床在维修中，防松垫圈在拆卸时损坏，经测绘尺寸如图 3－45 所示。要求按图中尺寸加工出配件。

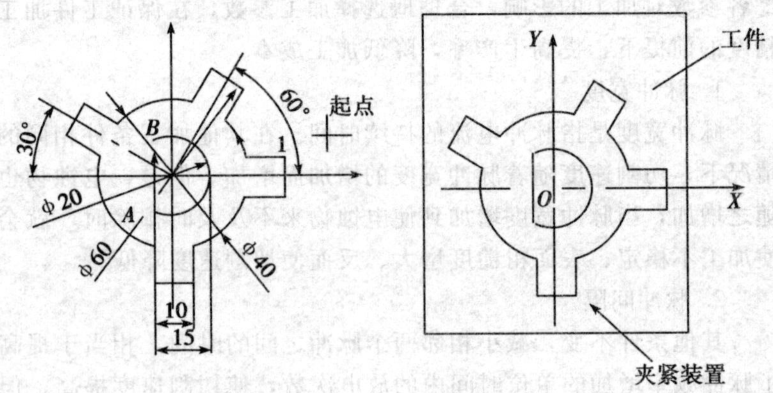

(a) 防松垫圈　　(b) 垫圈在板料上的位置及定位坐标

图 3－45　防松垫圈线切割实例

1. 工艺分析

对于一时买不到需要自己加工的配件，应按单件生产来处理。尽管该零件为冲压件，但从加工成本角度考虑，采用不用制作模具的铣削和线切割方法都可行，但考虑到该零件很薄，不易铣削，故选用线切割方法最为合理。

2. 机床的选择

由于该零件精度要求不高，故采用快走丝数控线切割机床。

3. 确定工艺基准

选择底平面作为定位基准面，选择孔的中心作为工序尺寸基准，并作为加工内孔时的穿丝点。

4. 确定加工路线

加工内孔时对工件的强度影响不大，采用顺、逆圆加工都可。加工外轮廓时，应向远离工件夹具的方向进行加工，以避免加工中因内应力释放引起工件变形。待最后再转向接近工件装夹处进行加工，若采用悬臂式装夹，应从起点开始逆时针方向加工。

5. 加工参数的确定

电极丝直径 ϕ0.15mm，放电间隙 0.01μs。

6. 编制加工程序（略）。

五、数控电火花线切割编程与实例

为了便于接受命令，必须按照一定的格式编制电火花线切割数控机床的数控程序。程序如下：

（一）数控电火花线切割 3B 格式程序编制

3B 格式如表 3－6：

表 3－6　数控电火花切割 3B 格式

B	X	B	Y	B	J	G	Z
分隔符	X 坐标值	分隔符	Y 坐标值	分隔符	计算长度	计数方向	加工指令

1. B 为分隔符，它的作用是将 X、Y、J 数码区分开；

2. X、Y 表示增量（相对）坐标值，无正负号，单位 μm，μm 以下应四舍五入。

（1）对于圆弧或圆，坐标原点移至圆心，X、Y 为圆弧或圆起点对圆心的坐标值；

（2）对于直线（斜线），坐标原点移至其起点，即 X、Y 为终点对起点增量坐标值。

特例：平行于 X 轴或 Y 轴的直线，即 X 或 Y 为零时，X、

Y 值均可不写，保留分隔符。

3. 计数方向 G　选取 X 方向进给总长度进行计数，用 GX 表示；否则，用 GY 表示。计数方向的确定，不管切割直线还是圆弧，计数方向均按终点的位置来确定。

（1）加工直线时，用进给距离较长的一个方向作为进给长度计算方向。即终点坐标靠近何轴，则进给方向取该轴；

（2）加工圆弧时，圆弧的终点坐标靠近何轴，则计数方向取另一轴。特例：斜线或圆弧的终点正好落在 45°线上，计数方向取 GX、GY 均可。

4. 计数长度 J　在计数方向上，被加工线段的投影长度。单位 μm。

（1）对于圆弧或圆　求圆弧在计数方向上投影的绝对值总和；

（2）对于直线　直接求计数方向上投影长。

5. 加工指令 Z

用来传送关于被加工图形的形状、加工象限和加工方向等信息，共有 12 种。

（1）直线段　指令用 L 表示。分别为 $L1$、$L2$、$L3$、$L4$，L 后面的数字表示该直线段所在的象限，当直线在第Ⅰ象限（包括 X 轴而不包括 Y 轴）时，加工指令记为 $L1$，$L2$、$L3$、$L4$ 依次类推；

（2）圆和圆弧　分顺圆和逆圆。SR 或 NR 后面的数字表示圆或圆弧起始点坐标的象限，当起点在第Ⅰ象限（包括 Y 轴而不包括 X 轴），加工指令记作 SR1（顺圆）或 NR1（逆圆），当起点在第Ⅱ象限（包括 X 轴而不包括 Y 轴），加工指令记作 SR2（顺圆）或 NR2（逆圆），其余依次类推。

6. 停机码 D　程序结束指令放在整个程序的最后，D 表示程序结束。

（二）3B 格式编程应按照以下步骤

1. 根据工件的装夹和穿丝孔的位置，选择电极丝切入的位置和切割路线选择，确定统一的直角坐标系。尽量选取图形的对称轴，可以减少计算量。

2. 确定间隙补偿量，即 f。

3. 将电极丝中心轨迹分割成单一的直线和圆弧，按型孔和凸模的中间尺寸值计算各线段的交点坐标值。

4. 编制程序，根据交点坐标值和切割路线，逐段编制程序。

（三）自动编程

自动编程即计算机辅助编程，分为语言输入方式和图形输入方式。

图形输入方式自动编程，在计算机中建立零件的完整图形信息，通过系统软件的 CAM 功能自动生成数控加工程序。

线切割自动编程系统具有的功能：

1. 它可通过鼠标器轻松绘制点、线、圆弧等组成的切割图形，复杂零件的图形可用 CAD 绘制，通过软盘将 CAD 绘制的图形以 DXF 文件格式转入 WAP2000 编程系统。

2. 当设定了线径偏移后，在转角处可采用不同的电极丝切割路径。切割路径生成后可在微机上进行轨迹模拟。

3. 生成数控程序时，选用不同的后处理器可分别生成 ISO 代码或 3B 程序。

4. 对于多孔的工件，为保证孔距，可用跳步功能。通过线径补偿量的输入，可精确加工出零件，调整冲模的间隙，通过改变线径补偿的方向可加工出凸件或凹件。

（四）电火花线切割编程实例

1. 实例一

编制如图 3－46 所示的凹模程序，电极丝直径为 0.13mm，放电间隙为 0.01mm。

建立如图所示的编程坐标系，穿丝孔的位置选择在 O_1，切割路线为：

$$O_1—a—b—c—d—e—f—g—h—a—O_1$$

确定间隙补偿量：$f=r_{丝}+\delta_{电}=0.13/2+0.01=0.075\text{mm}$

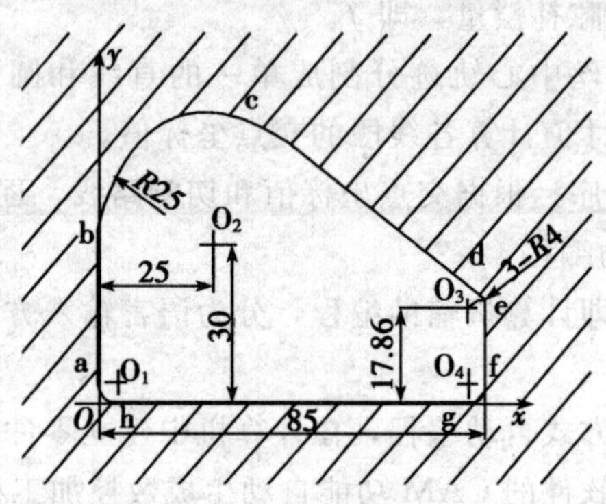

图 3－46　凹模加工

交点和圆心坐标见下表 3－7：

表 3－7　　　　　　　交点及圆心坐标

交点及圆心	X	Y	交点及圆心	X	Y
a	0	4.00	g	81.00	0
b	0	30.00	h	4.00	0
c	38.88	50.79	O_1	4.00	4.00
d	83.22	21.19	O_2	25.00	30.00
e	85.00	17.86	O_3	81.00	17.86
f	85.00	4.00	O_4	81.00	4.00

2. 实例二

如图 3－47 所示，工件的基本尺寸为图上所标，钼丝的直径为 0.12，单边放电间隙为 $\delta_{电}=0.01\text{mm}$，$\delta_{配}=0.015\text{mm}$，试编制凸模程序。

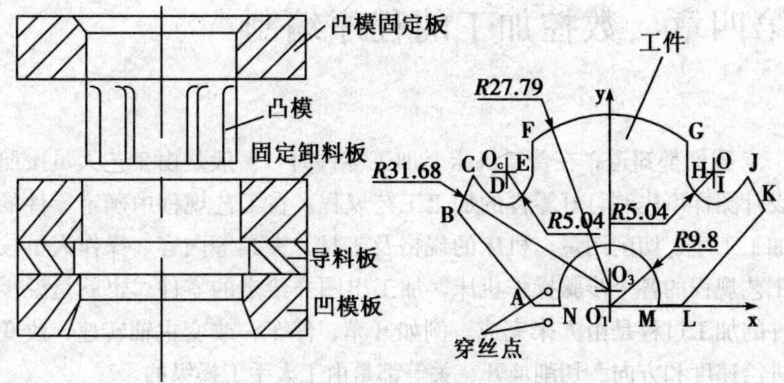

图 3-47 凸模加工

根据零件的形状（左右对称），建立如图所示的直角坐标系，凸模的穿丝孔的位置（－11，－2），凹模的穿丝孔的位置（11，2），切割路线为穿丝孔—N—A—B—C—D—E—F—G—H—I—J—K—L—M—N—穿丝孔

各交点和圆心的坐标见下表 3-8。

表 3-8　　交点及圆心坐标

交点、圆心	X	Y	交点、圆心	X	Y
A	－13.935	0	J	26.185	20.310
B	－29.015	15.080	K	29.015	15.080
C	－26.185	20.310	L	13.935	0
D	－23.550	17.550	M	9800	0
E	－14.945	21.120	N	－9800	0
F	－14.945	25.800	O_1	0	0
G	14.945	25.800	O_2	－19.980	21.120
H	14.945	21.120	O_3	0	2.360
I	23.550	17.550	O_4	19.980	21.120

第四章　数控加工的程序编制

我们都知道，在普通机床上加工零件时，一般是由工艺人员按照设计图样事先制订好零件的加工工艺规程。在工艺规程中确定零件的加工工序、切削用量、机床的规格及工具、夹具等内容。操作人员按工艺规程的各个步骤操作机床，加工出图样给定的零件。也就是说零件的加工过程是由人来完成。例如开车、停车、改变主轴转速、改变进给速度和方向、切削液开、关等都是由工人手工操纵的。

在由凸轮控制的自动机床或仿形机床上加工零件时，虽然不需要人对它进行操作，但必须根据零件的特点及工艺要求，设计出凸轮的运动曲线或靠模，由凸轮、靠模控制机床运动，最后加工出零件。在这个加工过程中，虽然避免了操作者直接操纵机床，但每一个凸轮机构或靠模，只能加工一种零件。当改变被加工零件时，就要更换凸轮、靠模。因此，它只能用于大批量、专业化生产中。

数控机床和以上两种机床不同。它是按照事先编制好的加工程序，自动地对工件进行加工。我们把工件的加工工艺路线、工艺参数、刀具的运动轨迹、位移量、切削参数（主轴转速、进给量、背吃刀量等）以及辅助功能（换刀、主轴正转、反转、切削液开、关等），按照数控机床规定的指令代码及程序格式编写成加工程序单，再把这一程序单中的内容记录在控制介质上（如穿孔纸带、磁带、磁盘、存储器），然后输入到数控机床的数控装置中，从而控制机床加工。这种从零件图的分析到制成控制介质的全部过程叫数控程序的编制。

第一节　数控机床的坐标系

一、机床坐标系

在数控机床上，机床执行机构的动作是由数控装置来控制的，为了确定机床上的运动方向和移动距离，这就需要建立一个坐标系，这个坐标系就称为标准坐标系，也叫机床坐标系。

以机床原点为坐标原点建立起来的 X、Y、Z 轴直角坐标系，称为机床坐标系。机床原点为机床上的一个固定点，也称机床零点。机床零点是通过机床参考点间接确定的，机床参考点也是机床上的一个固定点，其与机床零点间有一确定的相对位置，一般设置在刀具运动的 X、Y、Z 正向最大极限位置。两者关系见图 4－1，在机床每次通电之后，工作之前，必须进行回机床零点操作，使刀具运动到机床参考点，其位置由机械挡块确定。这样，通过机床回零操作，确定了机床零点，从而准确地建立机床坐标系，即相当于数控系统内部建立一个以机床零点为坐标原点的机床坐标系。机床坐标系是机床固有的坐标系，一般情况下，机床坐标系在机床出厂前已经调整好，不允许用户随意变动。

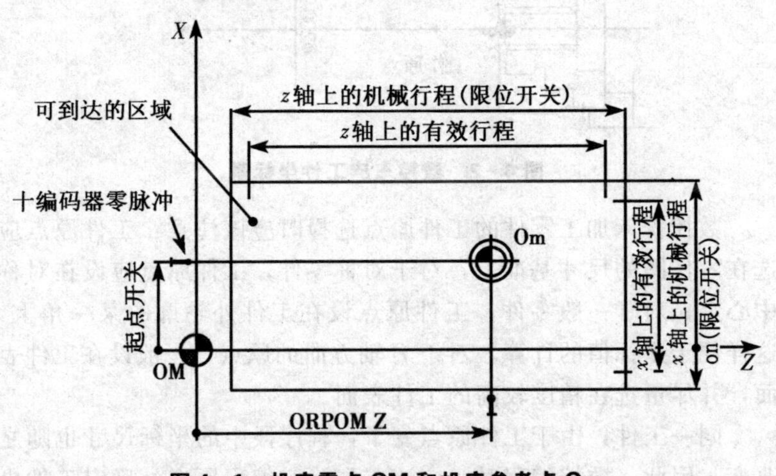

图 4－1 机床零点 OM 和机床参考点 Om

二、工件坐标系

工件图样给出以后，首先应找出图样上的设计基准点。其他各项尺寸均是以此点为基准进行标注。该基准点称为工件原点。以工件原点为坐标原点建立的 X、Y、Z 轴直角坐标系，称为工件坐标系。

工件坐标系是用来确定工件几何形体上各要素的位置而设置的坐标系，工件原点的位置是人为设定的，它是由编程人员在编制程序时根据工件的特点选定的，所以也称编程原点。

数控车床加工零件的工件原点一般选择在工件右端面、左端面或卡爪的前端面与 Z 轴的交点上。图 4－2 所示，是以工件右端面与 Z 轴的交点作为工件原点的工件坐标系。

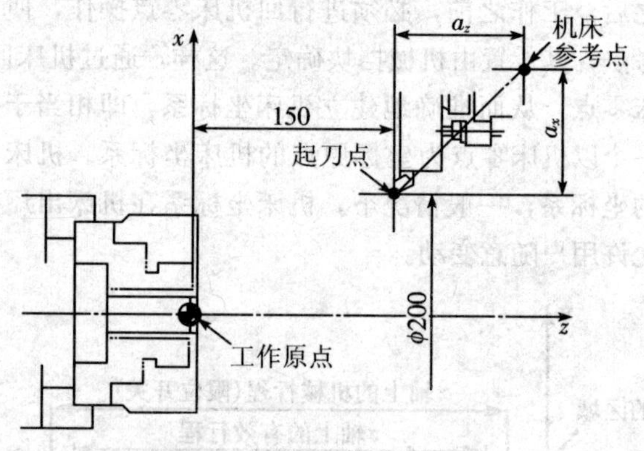

图 4－2　数控车床工件坐标系

数控铣床加工零件的工件原点选择时应该注意：工件原点应选在零件图的尺寸基准上，对于对称零件，工件原点应设在对称中心上；对于一般零件，工件原点设在工件外轮廓的某一角上，这样便于坐标值的计算。对于 Z 轴方向的原点，一般设在工件表面，并尽量选在精度较高的工件表面。

同一工件，由于工件原点变了，程序段中的坐标尺寸也随之改变。因此，数控编程时，应该首先确定编程原点，确定工件坐标系。编程原点的确定是在工件装夹完毕后，通过对刀确定。

三、对刀

在数控加工中，工件坐标系确定后，还要确定刀具的刀位点在工件坐标系中的位置。即常说的对刀问题。数控机床上，目前，常用的对刀方法为手动试切对刀。

（一）数控车床的对刀

数控车床对刀方法基本相同，首先，将工件在三爪卡盘上装夹好之后，用手动方法操作机床，具体步骤如下：

1. 回参考点操作

采用 ZERO（回参考点）方式进行回参考点的操作，建立机床坐标系。此时 CRT 上将显示刀架中心（对刀参考点）在机床坐标系中的当前位置的坐标值。

2. 试切对刀

先用已选好的刀具将工件外圆表面车一刀，保持 X 向尺寸不变，Z 向退刀，按设置编程零点键，CRT 屏幕上显示 X、Z 坐标值都清成零（即 XO，ZO）；然后，停止主轴，测量工件外圆直径 D。如图 4－3 所示。再将工件端面车一刀，当 CRT 上显示的 X 坐标值为$-(D/2)$时，按设置编程零点键，CRT 屏幕上显示 X、Z 坐标值都清成零（即 XO，ZO），系统内部完成了编程零点的设置功能。

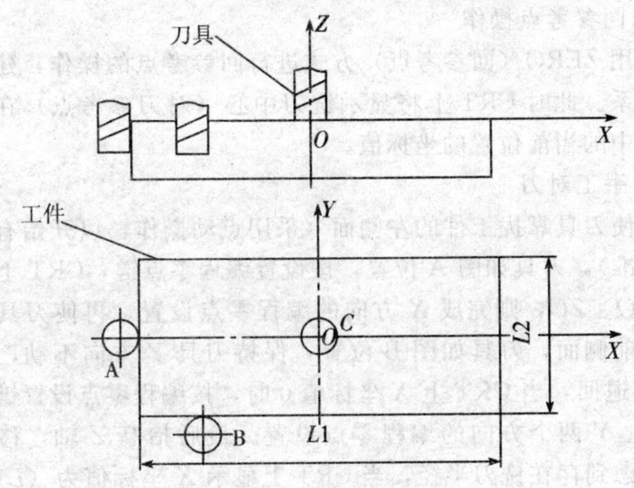

图 4－3 车床对刀示意图

3. 建立工件坐标系

刀尖（车刀的刀位点）当前位置就在编程零点（即工件原点）上。

（二）数控铣床的对刀

假设零件为对称零件，并且毛坯已测量好长为 $L1$、宽为 $L2$，平底立铣刀的直径也已测量好。如图 4 - 4 所示，将工件在铣床工作台上装夹好后，再手动方式操纵机床，具体步骤如下：

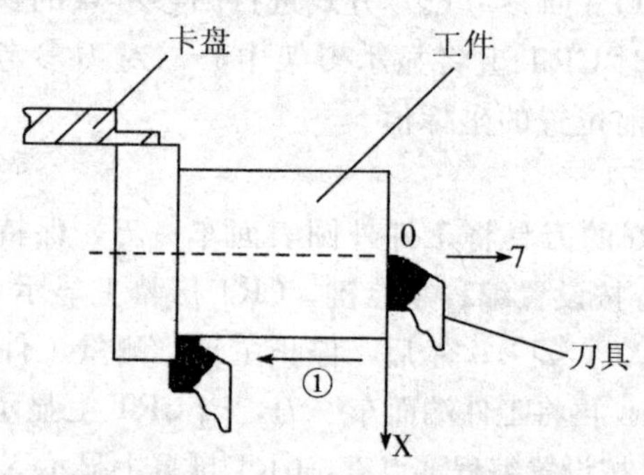

图 4 - 4 对称零件的手动对刀示意图

1. 回参考点操作

采用 ZERO（回参考点）方式进行回参考点的操作，建立机床坐标系。此时 CRT 上将显示铣刀中心（对刀参考点）在机床坐标系中的当前位置的坐标值。

2. 手工对刀

先使刀具靠拢工件的左侧面（采用点动操作，以开始有微量切削为准），刀具如图 A 位置，按设置编程零点键，CRT 上显示 XO、YO、ZO，则完成 X 方向的编程零点设置。再使刀具靠拢工件的前侧面，刀具如图 B 位置，保持刀具 Y 方向不动，使刀具 X 向退回，当 CRT 上 X 坐标值 0 时，按编程零点设置键，就完成 X、Y 两个方向的编程零点设置。最后抬高 Z 轴，移动刀具，考虑到存在铣刀半径，当 CRT 上显示 X 坐标值为（$L1/2$＋铣刀半径），Y 的坐标值为（$L2/2$＋铣刀半径）时，使铣刀底部靠拢工件上表面，按编程零点设置键，CRT 屏幕上显示 X、Y、Z 坐标值都清成零（即 XO，YO，ZO），系统内部完成了编程零点的设置功能。就把铣刀的刀位点设置在工件对称中心上，即工件坐标系的工件原点上。

3. 建立工件坐标系

此时，刀具（铣刀的刀位点）当前位置就在编程零点（即工件原点）上。由于手动试切对刀方法，调整简单、可靠，且经济，所以得到广泛的应用。

第二节　手工编程

一、关于手工编程

手工编程是指主要由人工来完成数控机床程序编制各个阶段的工作。当被加工零件形状不十分复杂和程序较短时，都可以采用手工编程的方法。手工编程框图如图 4－5 所示。

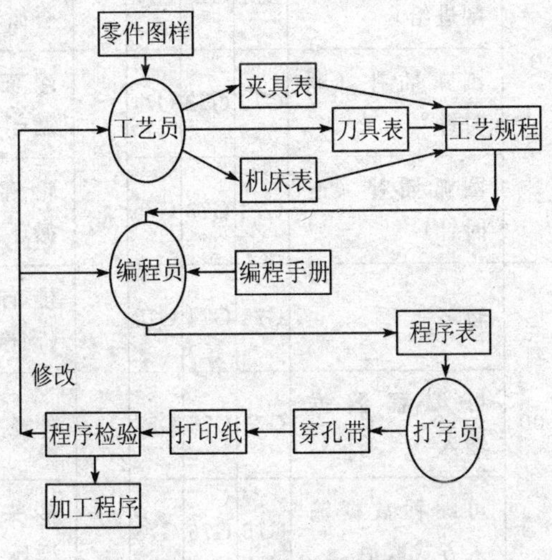

图 4－5　手工编程框图

二、手工编程的方法

(一) 数控车床程序的编制

1. 准备功能字

准备功能也叫 G 功能或 G 代码。它是使机床或数控系统建立起某种加工方式的指令。G 代码由地址符 G 和后面的两位数字组成，从 G00～G99 共 100 种。表 4-1 是几种常见的典型数控切削系统的 G 功能代码。

表 4-1　　FANUC　0i 系统常用 G 功能代码

G代码			组别	功能	G代码			组别	功能
A	B	C			A	B	C		
G00	G00	G00	01	★快速定位	G70	G70	G72	00	精加工循环
G01	G01	G01		直线插补（切削进给）	G71	G71	G73		外径/内径粗车复合循环
G02	G02	G02		圆弧插补（顺时针）	G72	G72	G74		端面粗车复合循环
G03	G03	G03		圆弧插补（逆时针）	G73	G73	G75		轮廓粗车复合循环
G04	G04	G04	00	暂停	G74	G74	G76		排屑钻端面孔（沟槽加工）
G10	G10	G10		可编程数据输入	G75	G75	G77		外径/内径钻孔
G11	G11	G11		可编程数据输入方式取消	G76	G76	G78		多头螺纹复合循环

续表

<table>
<tr><th colspan="3">G代码</th><th rowspan="2">组别</th><th rowspan="2">功能</th><th colspan="3">G代码</th><th rowspan="2">组别</th><th rowspan="2">功能</th></tr>
<tr><th>A</th><th>B</th><th>C</th><th>A</th><th>B</th><th>C</th></tr>
<tr><td>G20</td><td>G20</td><td>G70</td><td rowspan="2">06</td><td>英制输入</td><td>G80</td><td>G80</td><td>G80</td><td rowspan="8">10</td><td>固定钻循环取消</td></tr>
<tr><td>G21</td><td>G21</td><td>G71</td><td>★米制输入</td><td>G83</td><td>G83</td><td>G83</td><td>钻孔循环</td></tr>
<tr><td>G27</td><td>G27</td><td>G27</td><td rowspan="2">00</td><td>返回参考点检查</td><td>G84</td><td>G84</td><td>G84</td><td>攻丝循环</td></tr>
<tr><td>G28</td><td>G28</td><td>G28</td><td>返回参考位置</td><td>G85</td><td>G85</td><td>G85</td><td>正面镗循环</td></tr>
<tr><td>G32</td><td>G33</td><td>G33</td><td rowspan="2">01</td><td>螺纹切削</td><td>G87</td><td>G87</td><td>G87</td><td>侧钻循环</td></tr>
<tr><td>G34</td><td>G34</td><td>G34</td><td>变螺距螺纹切削</td><td>G88</td><td>G88</td><td>G88</td><td>侧攻丝循环</td></tr>
<tr><td>G36</td><td>G36</td><td>G36</td><td rowspan="2">00</td><td>自动刀具补偿X</td><td>G89</td><td>G89</td><td>G89</td><td>侧镗循环</td></tr>
<tr><td>G37</td><td>G37</td><td>G37</td><td>自动刀具补偿Z</td><td>G90</td><td>G77</td><td>G20</td><td>外径/内径自动车削循环</td></tr>
<tr><td>G40</td><td>G40</td><td>G40</td><td rowspan="3">07</td><td>★取消刀尖半径补偿</td><td>G92</td><td>G78</td><td>G21</td><td rowspan="2">01</td><td>螺纹自动车削循环</td></tr>
<tr><td>G41</td><td>G41</td><td>G41</td><td>刀尖半径左补偿</td><td>G94</td><td>G79</td><td>G24</td><td>端面自动车削循环</td></tr>
<tr><td>G42</td><td>G42</td><td>G42</td><td>刀尖半径右补偿</td><td>G96</td><td>G96</td><td>G96</td><td rowspan="2">02</td><td>恒表面切削速度循环</td></tr>
<tr><td>G50</td><td>G92</td><td>G92</td><td rowspan="3">00</td><td>坐标系、主轴最大速度设定</td><td>G97</td><td>G97</td><td>G97</td><td>恒表面切削速度控制取消</td></tr>
<tr><td>G52</td><td>G52</td><td>G52</td><td>局部坐标系设定</td><td>G98</td><td>G94</td><td>G94</td><td rowspan="2">05</td><td>每分钟进给</td></tr>
<tr><td>G53</td><td>G53</td><td>G53</td><td>机床坐标系设定</td><td>G99</td><td>G95</td><td>G95</td><td>★每转进给</td></tr>
<tr><td colspan="3">G54～G59</td><td>14</td><td>选择工件坐标系1～6</td><td></td><td>G90</td><td>G90</td><td rowspan="2">03</td><td>绝对值编程</td></tr>
<tr><td>G65</td><td>G65</td><td>G65</td><td>00</td><td>调用宏程序</td><td></td><td>G91</td><td>G91</td><td>增量值编程</td></tr>
</table>

注：①FANUC 0i控制器的G功能有A、B、C三种类型，一般CNC车床大多设定成A型，而数控铣床或加工中心设定成B型或C型。所以我们这里只介绍A型

的G功能；②G功能以组别可区分为二大类。属于“00”组别者，为非模态代码或非续效指令，意即该指令的功能只在该程序段执行时发生效用，其功能不会延续到下面的程序段。属于“非00”组别者，为模态代码或续效指令，意即该指令的功能除在该程序段执行时发生效用外，若下一程序段仍要使用相同功能，则不需再指令一次，其功能会延续到下一程序段，直到被同一组别的指令取代为止；③不同组别的G功能可以在同一程序段中使用。但若是同一组别的G功能，在同一程序段中出现两个或两个以上时，则以最后面的G功能有效；④上列G功能表中有“★”记号的G代码，是表示数控机床一经开机后或按了RESET键后，即处于此功能状态。这些预设的功能状态，是由数控系统内部的参数设定的，一般都设定成如上表所示状态。

（1）G00——快速点定位指令

格式：G00 X（U） _ Z（W） _ ；

说明：

①G00指令使刀具以点位控制方式从刀具所在点快速移动到目标点；

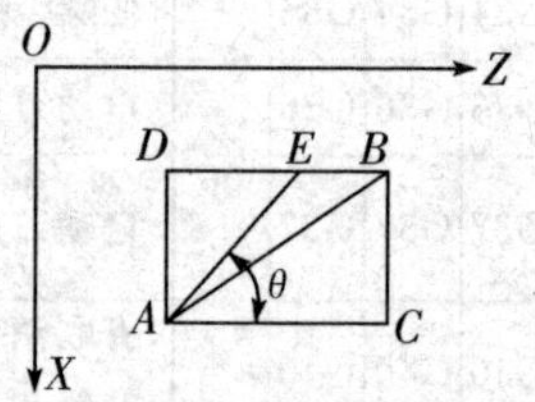

图4-6　车削G00轨迹

②它只是快速定位，无运动轨迹要求，常见G00运动轨迹如图4-6所示，从A到B应是折线AEB。因为快速定位时，机床以设定的进给速度同时沿X、Z轴移动，然后再到达目标点。

（2）G01——直线插补指令

格式：G01 X（U） _ Z（W） _ F _ ；

说明：

①G01指令使刀具从当前点出发，在两坐标或三坐标间以插补联动方式按指定的进给速度直线移动到目标点。G01指令是模态指令；

②进给速度由F指定。F指令也是模态指令，它可以用G00指令取消，如果在G01程序段之前没有F指令，当前程序段G01中没有F指令，则机床不运动。因此，G01程序中必须含有F指令。

例4-1　工件如图4-7所示，刀尖从A点直线移动到B

点，完成车外圆、车槽、车倒角的操作。

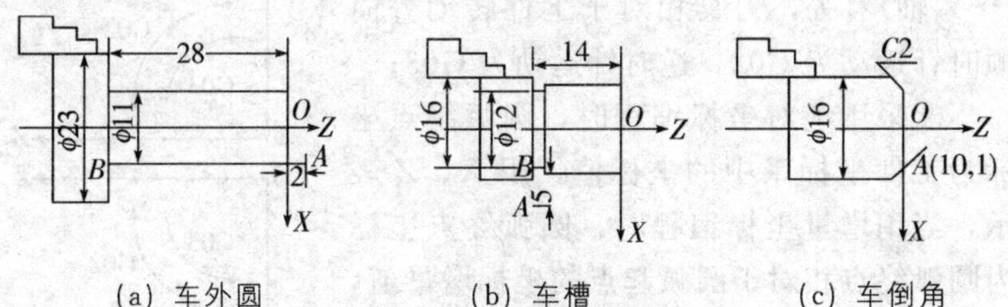

(a) 车外圆　　(b) 车槽　　(c) 车倒角

图 4-7　G01 功能指令应用

编程坐标原点 O 设在工件右端面

A. 车外圆，如图 4-7（a）所示

G00　X11. Z2.　　（刀具快速移至 A 点）

绝对坐标方式：G01 Z—28. F0. 2　（车削 ϕ11 外圆至 B 点）

增量坐标方式：G01 U0 W—30. F0. 2（车削 ϕ11 外圆至 B 点）

或　　G91 G01 Z—30. F0. 2

B. 车槽，如图 4-7（b）所示

G00　X22 Z—14.　　（刀具快速移至 A 点）

绝对坐标方式：G01 X12. F0. 1　（切槽至 B 点）

增量坐标方式：G01 U—10. W0F0. 1（切槽至 B 点）

C. 车倒角，如图 4-7（c）所示

G00　X10. Z1.　　（刀具快速移至 A 点）

绝对坐标方式：G01 X16. Z—2. F0. 2（车倒角）

增量坐标方式：G01 U6. W—3. F0. 2（车倒角）

(3) G02，G03——圆弧插补

格式：G02/G03　X（U）_Z（W）_I_K_F_；

或　G02/G03　X（U）_Z（W）_R_F_；

说明：

①G02：顺时针圆弧插补；G03 逆时针圆弧插补。车床上圆弧顺逆方向可按图 4-8 所示的方向判断，沿垂直于圆弧所在的

平面（XOZ 面）的坐标轴向负方向（$-Y$ 轴）看去，刀具相对于工件转动方向顺时针运动为 G02，逆时针运动为 G03；

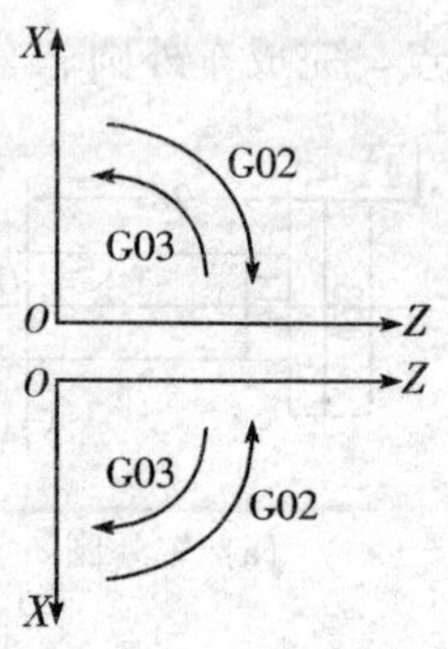

图 4-8　车圆弧的顺、逆方向

②采用绝对坐标编程时，圆弧终点坐标为工件坐标系中的坐标值，用 X、Z 表示，当用增量坐标编程时，圆弧终点坐标为圆弧终点相对于圆弧起点的坐标增量值，用 U、W 表示；

③I、K 为圆心相对于圆弧起点的增量坐标，无论是绝对编程还是增量编程，都用增量坐标表示。一般用 I、K 值可进行任意圆弧（包括整圆）插补；

④当用半径 R 指定圆心位置时（它不能与 I、K 同时使用），由于在同一半径 R 的情况下，从圆弧的起点到终点有两个圆弧路径，为区别两者，规定圆心角 $\alpha \leqslant 180°$ 时，用"$+R$"表示，正号可省略；当圆心角 $\alpha > 180°$ 时用"$-R$"表示。用圆弧半径指定圆心位置时，不能进行整圆插补。

例 4-2　刀具按图 4-9 所示的走刀路线进行加工，已知进给量为 0.25mm/r，切削线速度为 150mm/min，试编程。

建立如图所示工件坐标系，程序编制如下：

O4002	（程序号）
G50　X200.0 Z50.0 T0200；	（建立工件坐标系，换T02 号刀）
G96　S150 M03；	（恒线速度设定，主轴正转）
G00　X14.0 Z60.0 T0202；	（①，建立刀具补偿）
G01　Z0 F0.25；	（②）
X30.0；	（③）
G03　X40.0 Z−5.0 R5.0；	（④）

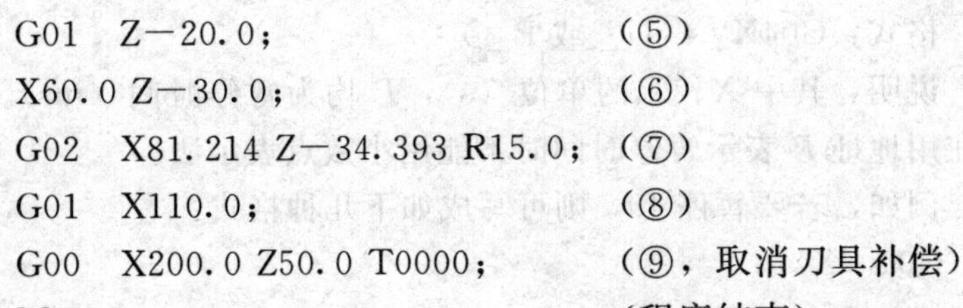

```
G01  Z－20.0；                        （⑤）
X60.0 Z－30.0；                       （⑥）
G02  X81.214 Z－34.393 R15.0；        （⑦）
G01  X110.0；                         （⑧）
G00  X200.0 Z50.0 T0000；             （⑨，取消刀具补偿）
M30；                                 （程序结束）
```

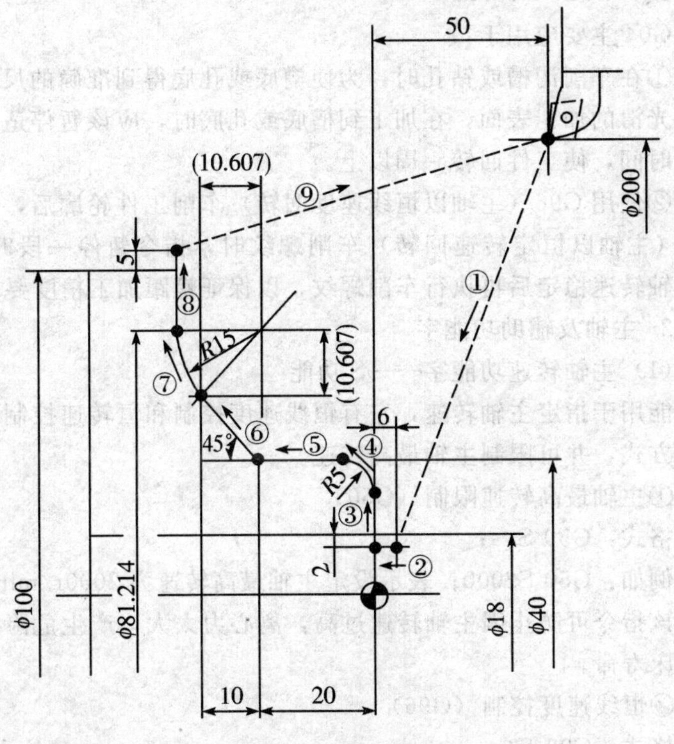

图 4－9　走刀路线

（4）G04——程序暂停

该指令控制系统按指定时间暂时停止后续程序段。暂停时间结束则继续执行。该指令为非模态指令只在本程序段有效。

格式：G04X _ （U _ 或 P _）

说明：其中 X、U 的单位（s），P 均为暂停时间（ms）。注意在用地址 P 表示暂停时间时不能用小数点表示法。

例如，若要暂停 4s，则可写成如下几种格式：

G04　X4；

或：G04　U4；

或：G04　P4000；

G04 主要应用于：

①在车削沟槽或钻孔时，为使槽底或孔底得到准确的尺寸精度及光滑的加工表面，在加工到槽底或孔底时，应该暂停适当的一段时间，使工件回转一周以上。

②使用 G96（主轴以恒线速度回转）车削工件轮廓后，改成 G97（主轴以恒定转速回转）车削螺纹时，指令暂停一段时间，使主轴转速稳定后再执行车削螺纹，以保证螺距加工精度要求。

2. 主轴及辅助功能字

（1）主轴转速功能字——S 功能

能用于指定主轴转速，它有恒线速度控制和恒转速控制两种指令方式，并可限制主轴最高转速。

①主轴最高转速限制（G50）

格式：G50 S _ ；

例如：G50 S2000；表示设定主轴最高转速为 2000r/min。

该指令可防止因主轴转速过高，离心力太大，产生危险及影响机床寿命。

②恒线速度控制（G96）

格式：G96 S _ ；

例如：G96 S 180 M03；表示主轴正转，使切削点的线速度为 180m/min。

该指令在车削端面或工件直径变化较大时使用。

③恒转速控制（G97）

格式：G97 S _ ；

例如：G97 S1500 M03；表示主轴以 1500r/min 转速正转。

恒转速控制一般在车螺纹或车削工件直径变化不大时使用，该指令可设定主轴转速并取消恒线速度控制。

(2) 辅助功能字——M 功能

辅助功能字又称 M 功能或 M 代码。它主要用来指令数控机床辅助装置的接通和断开（即开关动作），表示机床各种辅助动作及其状态。M 指令中的后续数字为 1～3 位（多为 2 位），从 M00～M99 共 100 种。现将常用的 M 功能简介如下：

①M00——程序停止

程序中若使用 M00 指令，当执行至 M00 指令时，程序即停止执行，且主轴停止、切削液关闭，若欲再继续执行下一程序段，只要按下循环启动（CYCLE START）键即可。

②M01——选择停止

M01 指令必须配合执行操作面板上的选择性停止功能键 OPT STOP 一起使用，若此键“灯亮”时，表示“ON”，则执行至 M01 时，功能与 M00 相同；若此键“灯熄”时，表示“OFF”，则执行至 M01 时，程序不会停止，继续往下执行。

③M02——程序结束

此指令应置于程序最后，表示程序执行到此结束。此指令会自动将主轴停止（M05）及关闭冷却液（M09），但程序执行指针不会自动回到程序的开头。

④M03——主轴正转

程序执行至 M03，主轴即正方向旋转（由尾座向主轴看，逆时针方向旋转）。一般转塔式刀座，大多采用刀顶面朝下装置车刀，故应使用 M03 指令。

⑤M04——主轴反转

程序执行至 M04，主轴即反方向旋转（由尾座向主轴看，顺时针方向旋转）。

⑥M05——主轴停止

程序执行至 M05，主轴即瞬时停止，此指令用于下列情况：

a. 程序结束前（但一般常可省略，因为 M02、M03 指令，皆包含 M05）。

b. 若数控车床有主轴高速挡（G42）、主轴低速挡（G41）指令时，在换挡之前，必须使用 M05，使主轴停止，再换挡，以免损坏抵挡机构。

c. 主轴正、反转之间的转换，也须加入此指令，使主轴停止后，再变换转向指令，以免伺服电动机受损。

⑦M08——切削液开

程序执行至 M08，即启动润滑油泵，但必须配合执行操作面板上的 CLNT AUTO 键，处于“ON”（灯亮）状态。否则无效。

⑧M09——切削液关

用于程序执行完毕之前，将润滑油关闭，停止喷切削液，该指令常可省略，因为 M02、M03 指令都包含 M09。

⑨M30——程序结束

该指令应置于程序最后，表示程序执行到此结束。此指令会自动将主轴停止（M05）及关闭切削液（M09），且程序执行指针会自动回到程序的开头，以方便此程序再次被执行。这就是与 M02 指令不同之处，故程序结束大都使用 M30 较方便。

⑩M98——子程序调用

当程序执行 M98 指令时，控制器即调用 M98 所指定的子程序来执行。

格式：M98 P _ L _；

说明：P：子程序号；

L：调用子程序的次数。

⑪M99——子程序结束并返回主程序

此指令用于子程序最后程序段，表示子程序结束，且程序执行指针跳回主程序中 M98 的下一程序段继续执行。

M99 指令也可用于主程序最后程序段，此时程序执行指针会跳回主程序的第一程序段继续执行此程序，所以此程序将一直重复执行，除非按下 RESET 键才能中断执行。

使用 M 指令时，一个程序段只允许出现一个，若同时出现两个以上，则最后面的 M 代码有效，前面的 M 代码将被忽略而不执行。

G97 S2000 M03 M08；则执行此程序段时，主轴不会正转，只有切削液开。

3. 进给功能字

进给功能字用 F 表示，又称 F 功能或 F 指令，它的功能是指令切削的进给速度。它有每转进给和每分钟进给两种指令模式。

① G99——每转进给模式

格式：G99 F_ ；

该指令在 F 后面直接指定主轴每转一转刀具的进给量。G99 为模态指令，在程序中指定后，直到 G98 被指定前，一直有效。机床通电后，该指令为系统默认状态。在数控车床上这种进给量指令方法应用较多。

②G98——每分钟进给模式

该指令在 F 后面直接指定刀具每分钟的进给量。G98 为模态指令，在程序中指定后，直到 G99 被指定前，一直有效。

4. 刀具功能指令

刀具功能字用 T 表示，所以又称 T 功能或 T 指令，它的功能含义主要用来指令加工时使用的刀具号。

T 功能指令格式为：T□□□□；

其中指令 T 后的前两位表示刀具号，后两位为刀具补偿号。

例如：T0202；表示选择 2 号刀，用 2 号刀具补偿。

刀具补偿包括刀具长度补偿和刀尖圆弧半径补偿。

（二）数控铣床的程序编制

FANUC—0MC 数控系统的特点是：轴控制功能强，其基本可控制轴数为 X、Y、Z 三轴，扩展后可联动控制轴数为四轴；编程代码通用性强，编程方便，可靠性高。下面以 FANUC—0MC 数控系统为例来讲解数控铣床编程指令体系。

1. 准备功能字 G

JB/T3208－1999 标准中规定 FANUC—0 MC 数控系统的 G 代码见下表 4-2。

表内标有字母 a、c、d……字母的是表示所对应的第一列中的 G 代码为模态代码（功能保持到被取消或被同样字母表示的程序指令所代替），标有“＊”的为非模态代码（功能仅在所出现的程序段内有效）。字母相同的为一组，同组的任意两个 G 代码不能同时出现在一个程序段中。

表 4-2　准备功能 G 代码（JB/T3208－1999）

代码	功能作用范围	功能	代码	功能作用范围	功能
G00	a	点定位	G50	＃（d）	刀具偏置 0/－
G01	a	直线插补	G51	＃（d）	刀具偏置＋/0
G02	a	顺时针圆弧插补	G52	＃（d）	刀具偏置－/0
G03	a	逆时针圆弧插补	G53	f	直线偏移注销
G04	＊	暂停	G54	f	直线偏移 X
G05	＃	不指定	G55	f	直线偏移 Y
G06	a	抛物线插补	G56	f	直线偏移 Z

续表

代码	功能作用范围	功能	代码	功能作用范围	功能
G07	＃	不指定	G57	f	直线偏移 XY
G08	*	加速	G58	f	直线偏移 XZ
G09	*	减速	G59	f	直线偏移 YZ
G10－G16	＃	不指定	G60	h	准确定位（精）
G17	c	XY 平面选择	G61	h	准确定位（中）
G18	c	ZX 平面选择	G62	h	准确定位（粗）
G19	c	YZ 平面选择	G63	*	攻丝
G20－G32	＃	不指定	G64－G67	＃	不指定
G33	a	螺纹切削，等螺距	G68	＃（d）	刀具偏置，内角
G34	a	螺纹切削，增螺距	G69	＃（d）	刀具偏置，外角
G35	a	螺纹切削，减螺距	G70－G79	＃	不指定
G36－G39	＃	不指定	G80	e	固定循环注销
G40	d	刀具补偿/刀具偏置注销	G81－G89	e	固定循环
G41	d	刀具补偿—左	G90	j	绝对尺寸
G42	d	刀具补偿—右	G91	j	增量尺寸
G43	＃（d）	刀具偏置—正	G92	*	预置寄存
G44	＃（d）	刀具偏置—负	G93	k	进给率，时间倒数
G45	＃（d）	刀具偏置＋/＋	G94	k	每分钟进给
G46	＃（d）	刀具偏置＋/－	G95	k	主轴每转进给
G47	＃（d）	刀具偏置－/－	G96	i	恒线速度
G48	＃（d）	刀具偏置－/＋	G97	i	每分钟转数（主轴）
G49	＃（d）	刀具偏置 0/＋	G98－G99	＃	不指定

（1）设定工件坐标系（G92，G54～G59）

①G92 设定工件坐标系

编程格式：G92X _ Y _ Z _；

G92 指令是将加工原点设定在相对于刀具起始点的某一空间点上。这一指令通常出现在程序的开头，该指令只改变当前位置的用户坐标，不产生任何机床移动，若程序格式设置为：G9 2X20.0 Y10.0 Z10.0，其确立的工件原点在距离刀具起始点 $X=-20$，$Y=-10$，$Z=-10$ 的位置上，如图 4-10 所示。

②G54～G59 设定工件坐标系

这些指令可以分别用来选择相应的加工坐标系。

编程格式：G90G54 G00（G01）X _ Y _ Z _（F _）；

该指令执行后，所有坐标值指定的坐标尺寸都是选定的工件加工坐标系中的位置。G54～G59 设定的 6 个工件加工坐标系是通过 CRT/MDI 方式设置的，在机床重开机时仍然存在，在程序中可以分别选取其中之一使用。一旦指定了 G54～G59 中工件加工坐标系之一，则该工件坐标系原点即为当前程序原点，后续程序段中的工件绝对坐标均为相对此程序原点的值，例如以下程序：

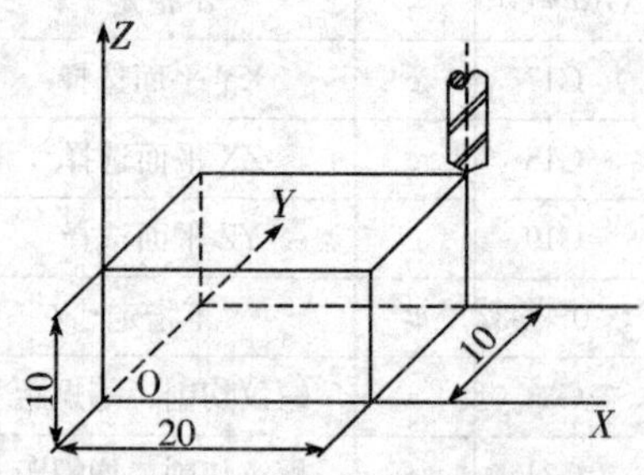

图 4-10　G92 设定工件坐标系

N01 G54 G90 G00 X30.0 Y40.0；

N02 G59；

N03 G00 X30.0 Y40.0；

…

执行 N01 时，系统会选定 G54 坐标系作为当前工件坐标系，然后再执行 G00 移动到该坐标中的 A 点；执行 N02 句时，系统又会选择 G59 坐标系作为当前工件坐标系；执行 N03 句时，机床就会移动到刚指定的 G59 坐标系中的 B 点。见图 4-11。

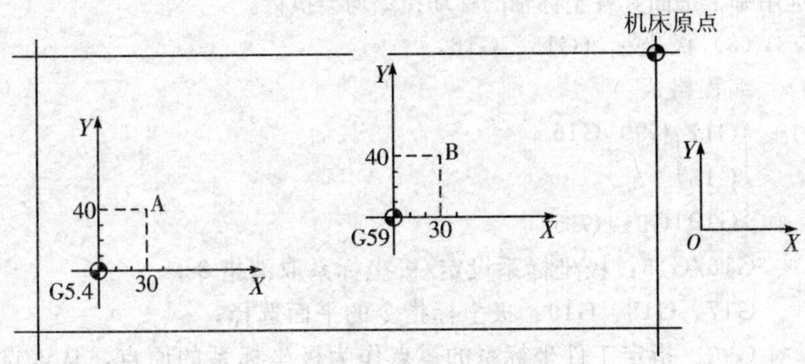

图 4-11　工件坐标系的使用

G92 指令与 G54～G59 指令都是用于设定工件坐标系的，但它们在使用中是有区别的：G92 指令是通过程序来设定工件坐标系的，G92 所设定的加工坐标原点是与当前刀具所在位置有关的，这一加工原点在机床坐标系中的位置是随当前刀具的不同而改变的。G54～G59 指令是通过 CRT/MDI 在设置参数方式下设定工件坐标系的，一经设定，加工坐标原点在机床坐标系中的位置是不变的，它与刀具的当前位置无关，除非再通过 CRT/MDI 方式更改。

G92 指令程序段只是设定工件坐标系，而不产生任何动作；G54～G59 指令程序段则可以和 G00、G01 指令组合，在选定的工件坐标系中进行位移。

（2）平面指定（G17、G18、G19）

G17—选择 XY 平面编程；

G18—选择 XZ 平面编程；

G19—选择 YZ 平面编程。

平面指定指在铣削过程中指定圆弧插补平面和刀具补偿平面。铣削时在 XY 平面内进行圆弧插补，则应选用准备功能 G17；在 *XZ* 平面内进行圆弧插补，应选用准备功能 G18；在 *YZ* 平面内进行插补加工，则需选用准备功能 G19。平面指定与坐标轴移动无关，不管选用哪个平面，各坐标轴的移动指令均会执行。

（3）极坐标（G15、G16）

编程格式：

$$\left\{\begin{matrix}G17\\G18\\G19\end{matrix}\right.\left\{\begin{matrix}G90\\ \\G91\end{matrix}\right.\left\{\begin{matrix}G16\\ \\G15\end{matrix}\right.$$

G16/G15：极坐标系设定/极坐标系取消指令；

G17、G18、G19：极坐标指令的平面选择；

G90：指定工件坐标系的零点作为极坐标系的原点，从该点测量半径；

G91：指定当前位置作为极坐标系的原点，从该点测量半径。

如用 G17，极坐标系所在平面为 *XY* 平面，*X* 地址表示极径，*Y* 地址表示极角。极径与极角可用绝对值（G90）或增量值（G91）确定。图 4－12 为用 G16 指令的钻孔循环加工示意图，其程序如下：

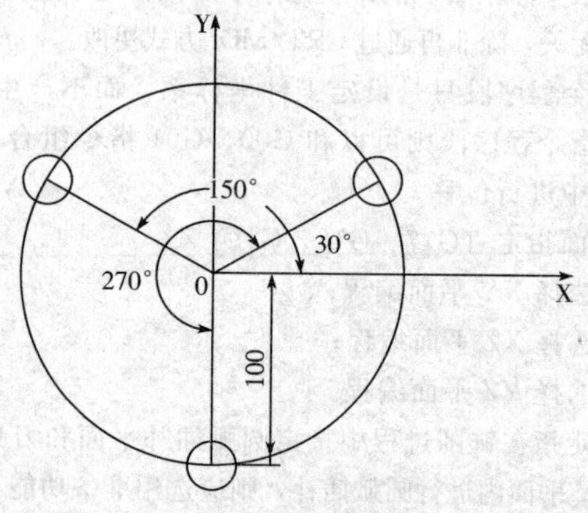

图 4－12　极坐标编程示例

N01 G17 G90 G16;

N02 G81 X100.0 Y30.0 Z—20.0 R—5.0 F200.0;

N03 X100.0 Y150.0;

N04 X100.0 Y270.0;

N05 G15 G80;

（4）快速定位指令（G00）

编程格式：G00 X _ Y _ Z _（格式中可三轴联动或二轴联动或单轴移动）;

G00 指令的功能即命令刀具中心的刀端点快速移动到 X、Y、Z 所指定的坐标位置。其移动速率可由执行操作面板上的“快速进给率”旋钮调整，并非由 F 功能指定。

若 X、Y、Z 轴最快移动速度为 15m/min，而“快速进给率”旋钮调整在：

①100%，则以最快速度 15m/min 移动。

②50%，则以 7.5m/min 移动。

③25%，则以 3.75m/min 移动。

④0%，此时由参数设定（大都设定为 400mm/min）。

只要非切削的移动，通常使用 G00 指令，如由机械原点快速定位至切削起点，切削完成后的 *Z* 轴退刀及 *X*、*Y* 轴的定位等，以节省加工时间。

现以图 4－13 为例说明其用法。刀具由 A 点快速定位至 B 点，用绝对值表示：G90 G00 X92. Y35.；用增量值表示：G91 G00 X62. Y—25.；

G00 快速定位的路径一般皆设定成斜进 45°（又称为非直线型定位）方式，而不以直线型定位方式移动。斜进 45°方式移动时，*X*、*Y* 轴都以相同的速率同时移动，再检测已定位至那一轴坐标位置后，只移动另一轴至坐标点为止。如图 4－13 所示。若采用直线型定位方式移动，则每次都要计算其斜率后，再命令 *X* 轴及 *Y* 轴移动，如此增加计算机的负荷，反应速度也较慢，故一般 CNC 机床一开机大都自动设定 G00 以斜进 45°方式移动。

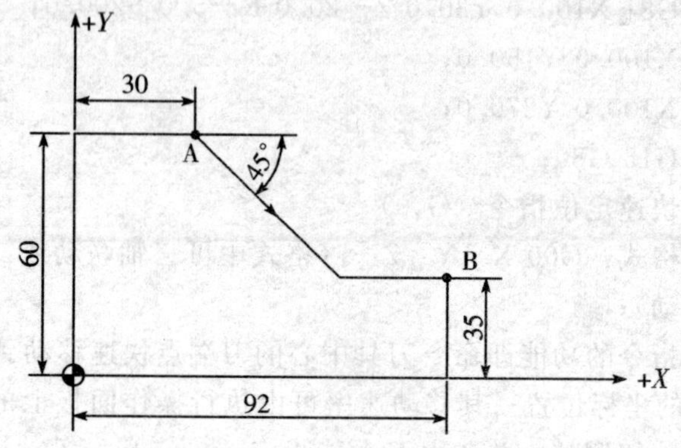

图 4-13　G00 指令用法

(5) 直线插补指令（G01）

编程格式：G01X _ Y _ Z _ F _；

G01 是指令坐标轴按指定进给速度作直线运动。X、Y、Z 坐标位置为切削终点，可三轴联动或二轴联动或单轴移动，而由 F 值指定切削时的进给速度，单位一般设定为 mm/min。

现以图 4-14 说明 G01 用法。假设刀具由程序原点向上铣削轮廓外形。

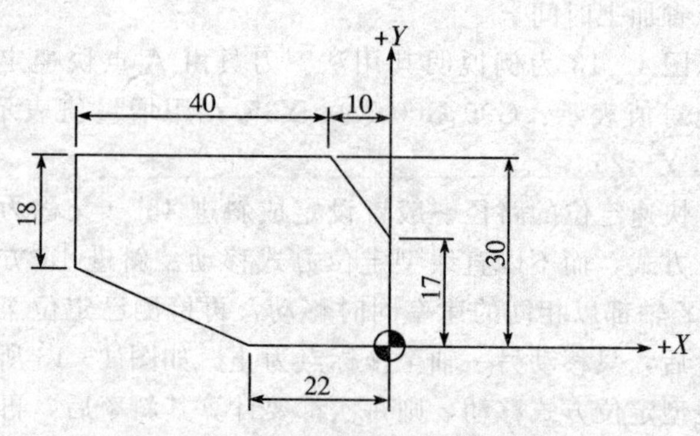

图 4-14　G01 指令用法

G90 G01 Y17.0 F80；

X－10.0 Y30.0；

G91 X－40.0；

Y－18.0；

G90 X－22.0 Y0；

X0；

F 功能具有续效性，故切削速度相同时，下一程序段可省略，如上面程序所示。

（6）圆弧插补（G02、G03）

编程格式：

$$G17\begin{Bmatrix}G02\\ \\G03\end{Bmatrix}\begin{Bmatrix} \\ X-Y- \\ \end{Bmatrix}\begin{Bmatrix}I-J-\\ \\R-\end{Bmatrix}F\_$$

$$G18\begin{Bmatrix}G02\\ \\G03\end{Bmatrix}\begin{Bmatrix} \\ X-Z- \\ \end{Bmatrix}\begin{Bmatrix}I-K-\\ \\R-\end{Bmatrix}F\_$$

$$G19\begin{Bmatrix}G02\\ \\G03\end{Bmatrix}\begin{Bmatrix} \\ Y-Z- \\ \end{Bmatrix}\begin{Bmatrix}J-K-\\ \\R-\end{Bmatrix}F\_$$

X、*Y*、*Z*：终点坐标位置，可用绝对值（G90）或增量值（G91）表示；

I、J、K：从圆心到圆弧起点位置在 *X*、*Y*、*Z* 轴上的分向量。（以 I、J、K 表示的称为圆心法）；

X 轴的分向量用地址 I 表示。

Y 轴的分向量用地址 J 表示。

Z 轴的分向量用地址 K 表示。

R：圆弧半径，以半径值表示。（以 *R* 表示的称为半径法）。

F：切削进给速率，单位 mm/min。

圆弧的表示有圆心法及半径法两种，现分述如下：

1）圆心法：I、J、K 后面的数值定义为从圆心到圆弧起点在 X、Y、Z 轴上的有向距离，用圆心编程的情况如图 4-15 所示。

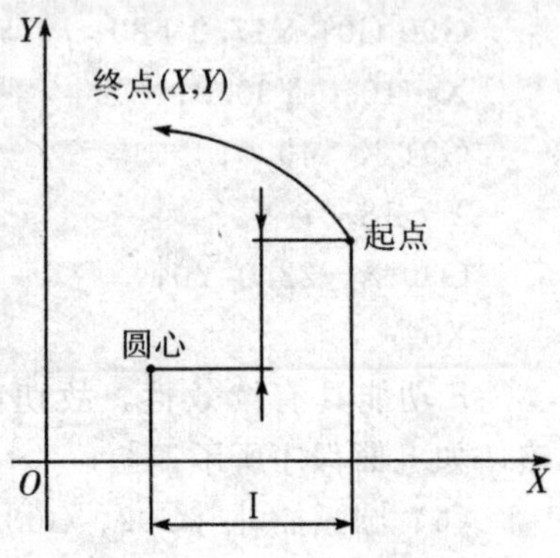

图 4-15　圆心法编程

2）半径法：以 R 表示圆弧半径。此法以起点及终点和圆弧半径来表示一段圆弧，在圆上会有二段圆弧出现，如图 4-16 所示。故以 R 是正值时，表示圆心角小于等于 180°的圆弧；R 是负值时，表示圆心角为大于 180°的圆弧。

假设图 4-16 中，R = 50mm，终点坐标绝对值为（100，80）则：

①圆心角大于 180°的圆弧（即路径 B）为：

G90 G02 X100.0 Y80.0 R−50.0 F80；

②圆心角小于等于 180°的圆弧（即路径 A）

G90 G02 X100.0 Y80.0 R50.0 F80；

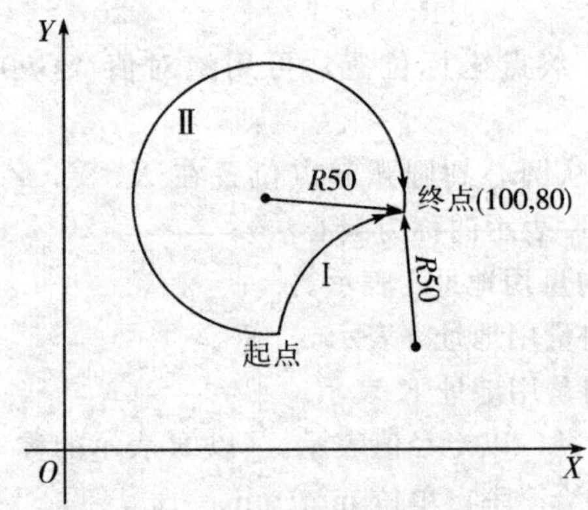

图 4-16　半径法编程

CNC 铣床上使用半径法或圆心法来表示某一圆弧，要从工作图上的尺寸标示而定，以使用较方便者（即不用计算，即可看出数值者）为取舍。但若要铣削一整圆时，只能用圆心法表示，半径法无法执行。若用半径法以两个半圆相接，其圆度误差会太大。

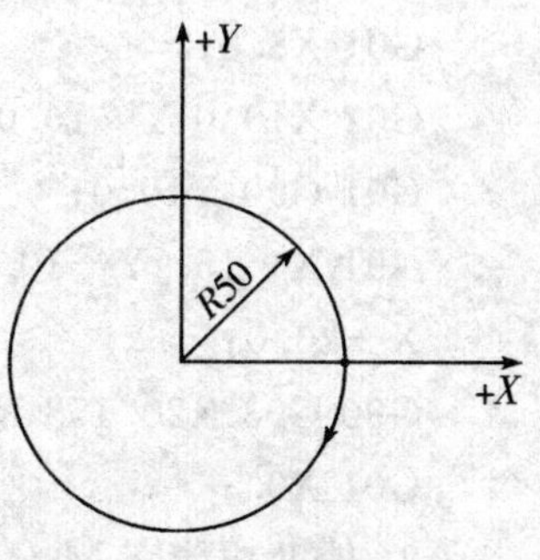

图 4－17　整圆程序的编写

如图 4－17 铣削一整圆的指令写法如下：

G91 G02 I－50. F80；

现以图 4－18 为例，说明 G01、G02、G03 指令的用法。假设刀具由程序原点向上沿轮廓铣削。

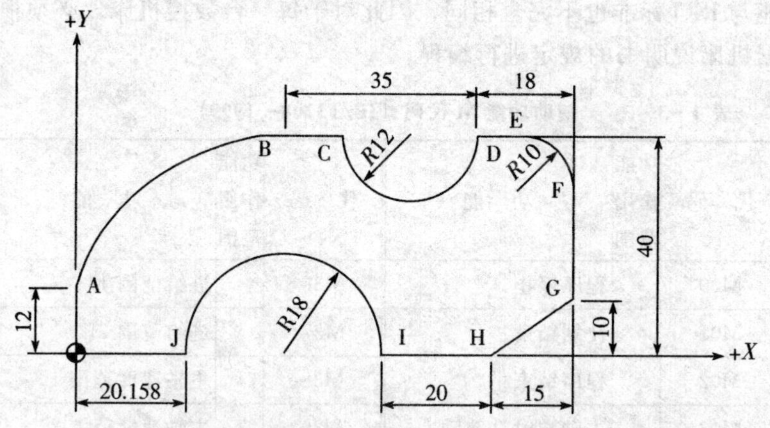

图 4－18　G01、G02、G03 应用例图

G90 G01 Y12.0 F80.0；	（程序原点→A）
G02 X38.158 Y40.0 I38.158 J－12.0；	（A→B）
G91 G01 X11.0；	（B→C）
G03 X24.0 R12.0；	（C→D）

G01 X8.0;　　　　　　　　　　(D→E)

G02 X10.0 Y－10.0 R10.0;　　(E→F)

G01 G90 Y10.0;　　　　　　　(F→G)

G91 X－15. Y－10.0;　　　　(G→H)

X－20.0;　　　　　　　　　　(H→I)

G90 G03 X20.158 R18.0;　　　(I→J)

G01 X0.;　　　　　　　　　　(J→程序原点)

2. 辅助功能字 M

辅助功能字是用于指定主轴的旋转方向、启动、停止、冷却液的开关，工件或刀具的夹紧和松开，刀具的更换等功能。辅助功能字由地址符 M 和其后的两位数字组成。表 4-3 为我国 JB/T3208—1999 标准中规定的 M 代码。

由于数控机床的厂家很多，每个厂家使用的 G 功能、M 功能与 ISO 标准也不完全相同，因此对于每一台数控机床，必须根据机床说明书的规定进行编程。

表 4-3　　辅助功能 M 代码（JB/T3208—1999）

代码	功能作用范围	功能	代码	功能作用范围	功能
M00	*	程序停止	M36	*	进给范围 1
M01	*	计划结束	M37	*	进给范围 2
M02	*	程序结束	M38	*	主轴速度范围 1
M03		主轴顺时针转动	M39	*	主轴速度范围 2
M04		主轴逆时针转动	M40－M45	*	齿轮换挡
M05		主轴停止	M46－M47	*	不指定
M06	*	换刀	M48	*	注销 M49
M07		2 号冷却液开	M49	*	进给率修正旁路

续表

代码	功能作用范围	功能	代码	功能作用范围	功能
M08		1号冷却液开	M50	*	3号冷却液开
M09		冷却液关	M51	*	4号冷却液开
M10		夹紧	M52－M54	*	不指定
M11		松开	M55	*	刀具直线位移，位置1
M12	*	不指定	M56	*	刀具直线位移，位置2
M13		主轴顺时针，冷却液开	M57－M59	*	不指定
M14		主轴逆时针，冷却液开	M60		更换工作
M15	*	正运动	M61		工件直线位移，位置1
M16	*	负运动	M62	*	工件直线位移，位置2
M17－M18	*	不指定	M63－M70	*	不指定
M19		主轴定向停止	M71	*	工件角度位移，位置1
M20－M29	*	永不指定	M72	*	工件角度位移，位置2
M30	*	纸带结束	M73－M89	*	不指定
M31	*	互锁旁路	M90－M99	*	永不指定
M32－M35	*	不指定			

注：“*”号表示：如选作特殊用途，必须在程序说明中说明。

3. M90～M99 可指定为特殊用途。

4. 进给功能 F

进给功能也称 F 功能，用来指定坐标轴移动进给的速度。程序中通过 F 地址来访问进给功能字，用于控制刀具移动时的速率，如图 4－19 所示。F 后面所接数值代表每分钟刀具进给量，单位为 mm/min。F 进给功能的值是模态的，只能由另一个 F 地址字取消。每分钟进给的优点就是它不依赖于主轴转速，这使得它可以使用多把不同直径的刀具，从而在铣削中很有用。

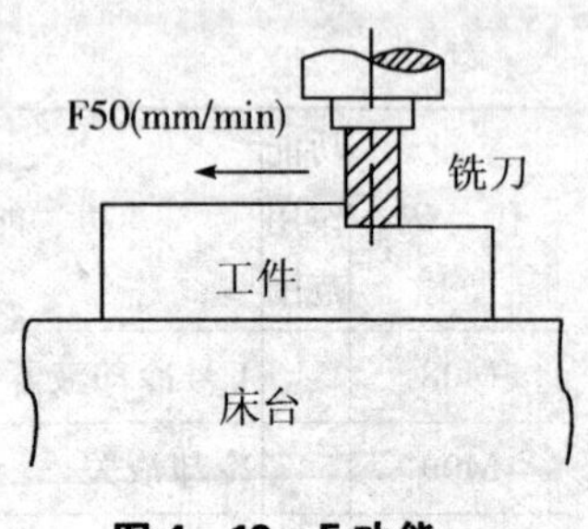

图 4－19　F 功能

F 功能指令值如超过制造厂商所设定的范围时，则以厂商所设定的最高或最低进给率为实际进给率。在操作中为了实际加工条件的需要，也可由执行操作面板上的“切削进给率”旋钮来调整实际进给率。

5. 主轴转速 S

主轴转速功能又称为 S 功能，用来指定主轴的转速（r/min）。主轴功能以地址 S 后面接 1～4 位数字组成。如其指令的数值大于或小于制造厂商所设定的最高或最低转速时，将以厂商所设定的最高或最低转速为实际转速。在操作中为了实际加工条件的需要，也可由执行操作面板的“主轴转速调整率”旋钮来调整主轴实际转速。

S 指令只是设定主轴转速大小，并不会使主轴回转，需有 M03（主轴正转）或 M04（主轴反转）指令时，主轴才开始旋转。

例如：S1000 M03；主轴正转，其转速为 1000r/min。

主轴转速可由下列公式计算而得：

$n=1000V/\pi D$

其中，

n：主轴转速 r/min；

V：切削速度 m/min；D：刀具直径 mm；

π：圆周率 3.14。

例 4－3：已知用 ϕ10mm 高速钢端铣刀，$V=22$m/min，求 n。

解答：$n=1000\times22/3.14\times10=700$r/min。

6. 刀具功能 T

刀具功能又称为 T 功能，在自动换刀的数控机床中选择所需的刀具。数控铣床无自动换刀装置，必须用手换刀，所以 T 功能是用于加工中心的。T 功能以地址 T 后面接 2 位数字组成。

第三节　自动编程

一、关于自动编程

自动编程也称为计算机（或编程机）辅助编程，即程序编制工作的大部分或全部由计算机完成。自动编程又分为数控语言编程、图形交互式编程。

二、CAD/CAM 软件的使用

CAD/CAM 软件是实现图形交互式自动编程必不可少的应用软件。本节介绍北京北航海尔软件有限公司自主研发的，面向数控铣床、加工中心和测量机的计算机辅助自动编程系统 CAXA 制造工程师 2004 软件的使用。

（一）软件功能介绍

CAXA 制造工程师利用灵活、强大的实体曲面混合造型功能和丰富的数据接口，可以实现产品复杂的三维造型设计；通过加工工艺参数和机床后置的设定，选取需加工的部分，自动生成适用于任何数控系统的加工代码；通过直观的加工仿真和代码反读来检验加工工艺和代码质量。实现了从造型设计到加工代码生成、校验的一体化。

（二）系统的运行环境

CAXA 制造工程师以 PC 微机为硬件平台。最低配置要求：英特尔“奔腾”4 处理器 2.4GHz，512MB 内存，10GB 硬盘。推荐配置：英特尔“至强”处理器 2.6GHz，1GB 以上内存；204GB 以上硬盘。可运行于 Windows2000 和 WindowsXP 系统平台上，不支持 Windows98 系统。

（三）用户界面

用户界面如图 4－20 所示，包括以下几部分：

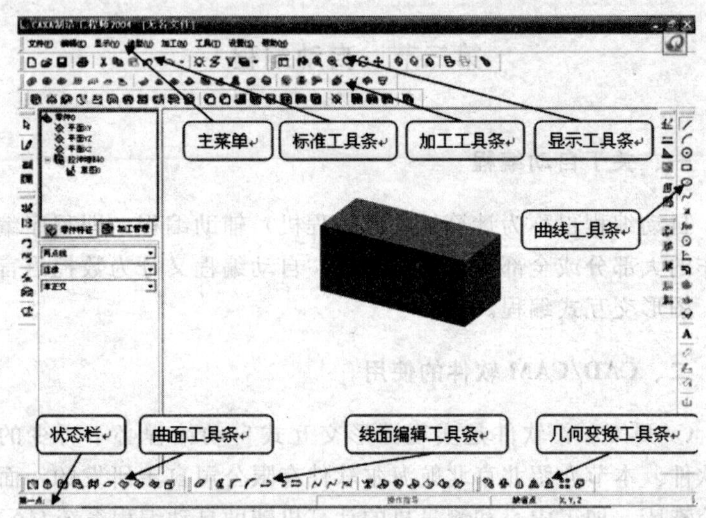

图 4－20　CAXA 制造工程师 2008 用户界面

1. 绘图区

绘图区是用户进行绘图设计的工作区域，如图 4－20 所示的空白区域。它位于屏幕的中心，并占据了屏幕的大部分面积。广阔的绘图区为显示全图提供了广阔的空间。

绘图区的中央设置了一个三维直角坐标系，该坐标系称为世界坐标系。它的坐标原点为（0.0000，0.0000，0.0000）。用户在操作过程中的所有坐标均以此坐标系的原点为基准。

2. 主菜单

界面最上方的菜单称为“主菜单”，主菜单包括文件、编辑、显示、造型、加工、工具、设置和帮助。每个部分都含有若干个下拉菜单。单击菜单条中的任意一个菜单项都会弹出一个下拉式菜单，其中包含各项子菜单。菜单条与子菜单构成了下拉主菜单，如图 4－21 所示。

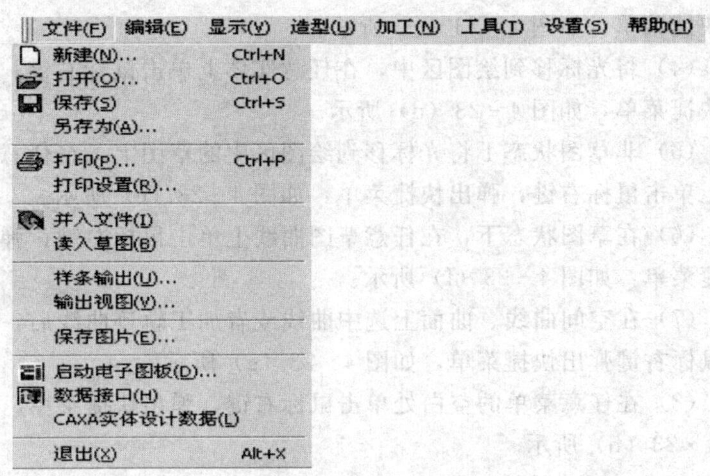

图 4－21 主菜单及下拉子菜单

3. 立即菜单

立即菜单描述了某项命令执行的各种情况或使用提示。根据当前的作图要求，正确地选择某一项，即可得到准确的响应。在图 4－22 中显示的是绘制直线时的立即菜单。

第一点:	操作指导	缺省点	80,158,-178,239,0.00

图 4－22 立即菜单

4. 快捷菜单

当鼠标处于不同位置时单击鼠标右键将会触发不同菜单，这些菜单称为快捷菜单。熟练使用快捷菜单可以减少单击次数，提高绘图速度。

(1) 将光标移到特征树中，在任意平面上（如平面 *XY*）单击鼠标右键，弹出快捷菜单如图 4－23（a）所示。

(2) 将光标移到特征树中，在任意草图上单击鼠标右键，弹出快捷菜单，如图 4－23（b）所示。

(3) 将光标移到特征树中，在任意菜单上单击鼠标右键，弹出快捷菜单，如图 4－23（c）所示。

（4）将光标移到绘图区中，在任意实体上单击鼠标右键，弹出快捷菜单，如图 4－23（d）所示。

（5）非草图状态下将光标移到绘图区中的草图上，在任意曲线上单击鼠标右键，弹出快捷菜单，如图 4－23（e）所示。

（6）在草图状态下，在任意草图曲线上单击鼠标右键，弹出快捷菜单，如图 4－23（f）所示。

（7）在空间曲线、曲面上选中曲线或者加工轨迹曲线后，单击鼠标右键弹出快捷菜单，如图 4－23（g）所示。

（8）在任意菜单的空白处单击鼠标右键，弹出快捷菜单，如图 4－23（h）所示。

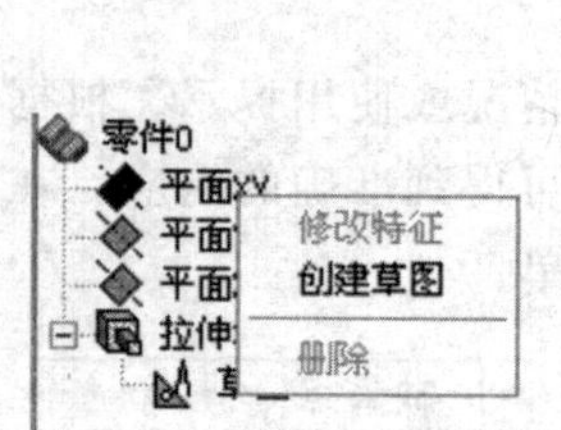

（a）平面的快捷菜章

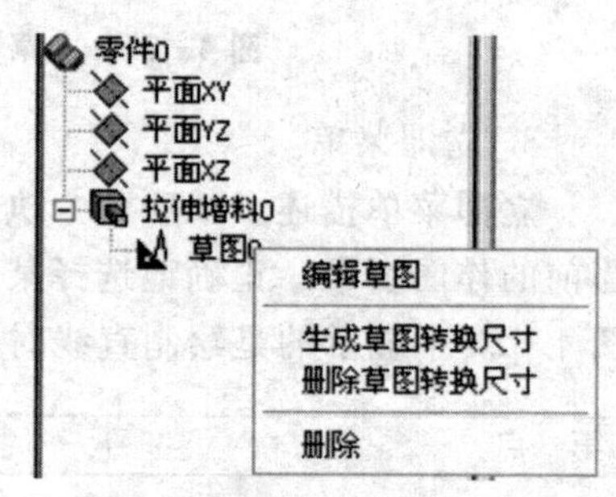

（b）草图的快捷菜单

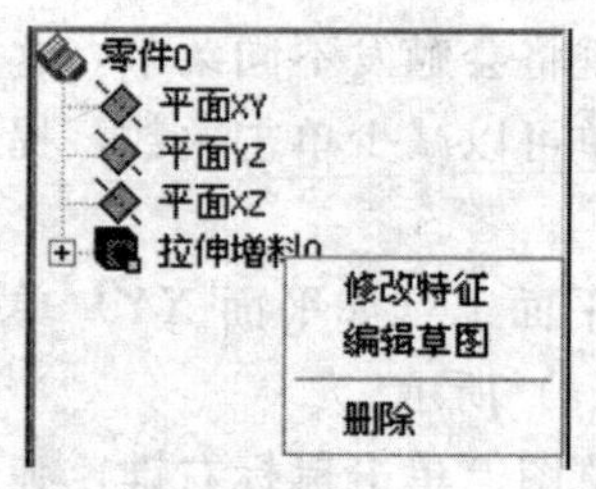

（c）特征的快捷菜单

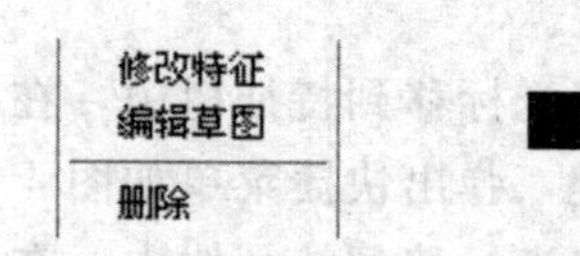

（d）绘图区中实体的快捷菜单

编辑草图

（e）绘图区中草图的快捷菜单

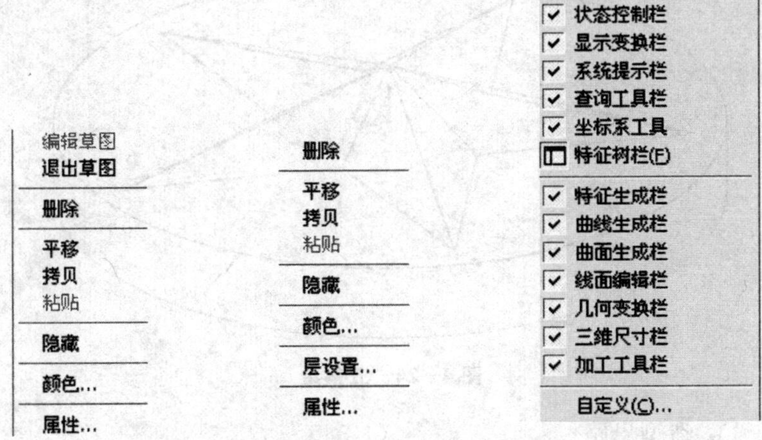

(f) 草图曲线的快捷菜单　(g) 空间曲线、曲面上选中曲线或者加工轨迹曲线的快捷菜单　(h) 任意菜单空白处的快捷菜单

图 4-23　快捷菜单

5. 工具条

工具条位于绘图区外，包括：标准工具条、加工工具条、显示工具条、曲线工具条、几何变换工具条、线面编辑工具条、曲面工具条、状态工具条。另外，还可用相关快捷键弹出工具菜单。

（四）操作方法

下面以一实例来介绍 CAXA 制造工程师的 CAD/CAM 功能。

【实例】五角星的造型与加工。

通过该实例快速了解 CAXA 制造工程师的线架造型和曲面造型、编辑、实体造型、数控加工的基本操作，为对 CAXA 制造工程师的深入学习和理解奠定基础。

五角星零件造型如图 4-24 所示。

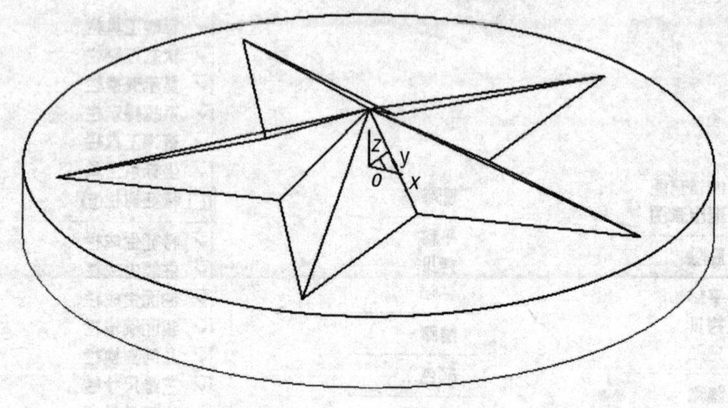

图 4-24 五角星

1. 造型思路

（1）绘制曲线构造空间线架。

（2）用直纹面生成曲面。

（3）用裁剪实体的方法生成实体。

2. 加工思路

（1）设定毛坯。

（2）等高线粗加工。

（3）等高线精加工。

（4）加工刀路轨迹仿真、检验、修改。

（5）机床后置设置，生成 G 代码与工序单。

步骤 1：绘制五角星的框架

（1）圆的绘制。进入软件，选择零件特征树中的“平面 *XOY*”，单击曲线生成工具栏上的⊕按钮，进入空间曲线绘制状态，在特征树下方的立即菜单中选择作圆方式“圆心点_半径”，然后按照提示用鼠标选择坐标系原点，也可以按 Enter 键，在弹出的对话框内输入圆心点的坐标（0，0，0），半径 $R=100$ 并确认，然后单击鼠标右键结束该圆的绘制。

注意：在输入点坐标时，应该在英文输入法状态下输入也就是标点符号是半角输入，否则会导致错误。

（2）五边形的绘制。单击曲线生成工具栏上的⊙按钮，在特征树下方的立即菜单中选择“中心”定位，边数 5 条，按 Enter键确认，内接。按照系统提示选择中心点，内接半径为 100（输入方法与圆的绘制相同）。然后单击鼠标右键结束该五边形的绘制。这样就得到了五角星的 5 个角点，如图 4－25 所示。

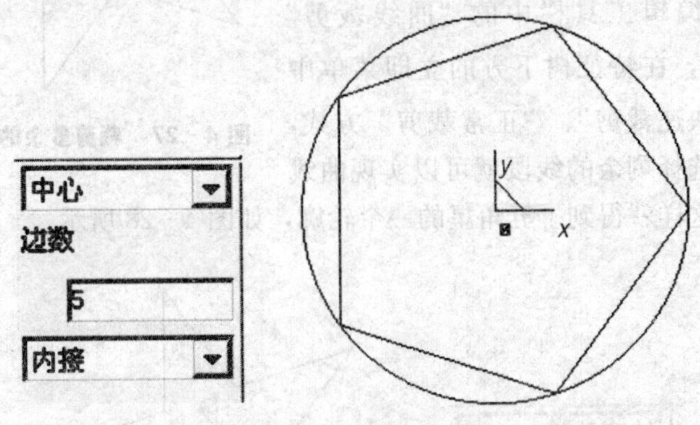

图 4－25　五边形的绘制

（3）构造五角星的轮廓线。通过上述操作得到了五角星的 5 个角点，使用曲线生成工具栏上的“直线”⁄按钮，在特征树下方的立即菜单中选择“两点线”、“连续”、“非正交”，将五角星的各个角点连接，如图 4－26 所示。

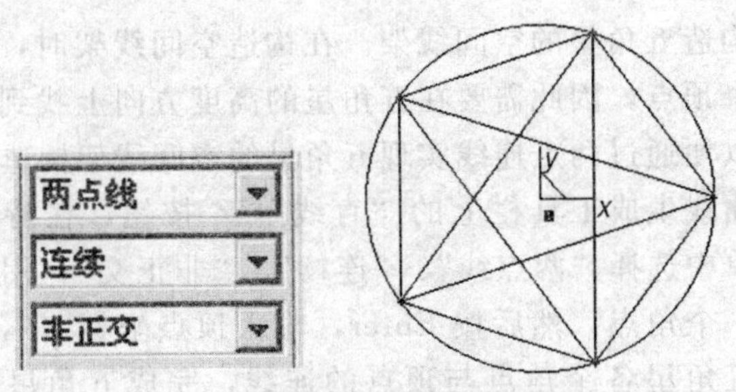

4－26　构造五角星的轮廓线

使用“删除”工具将多余的线段删除，单击 按钮，用鼠标直接选择多余的线段，拾取的线段会变成红色，单击鼠标右键确认，如图 4－27 所示。

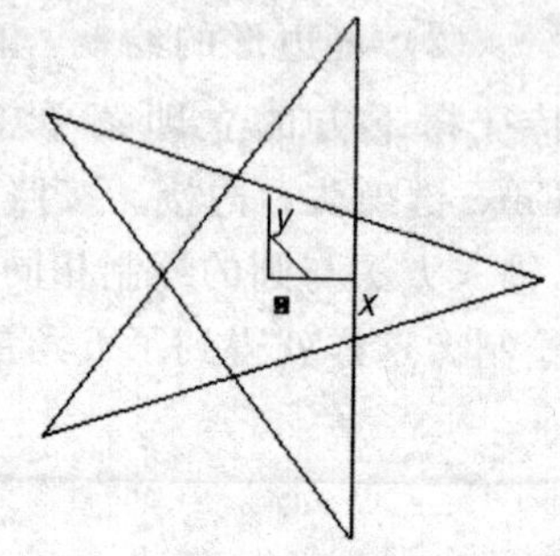

图 4－27　裁剪多余的线段

删除后图中还会剩余一些线段，单击线面编辑工具栏中的“曲线裁剪” 按钮，在特征树下方的立即菜单中选择“快速裁剪”、“正常裁剪”方式，用鼠标选择剩余的线段就可以实现曲线裁剪。这样就得到了五角星的一个轮廓，如图 4－28 所示。

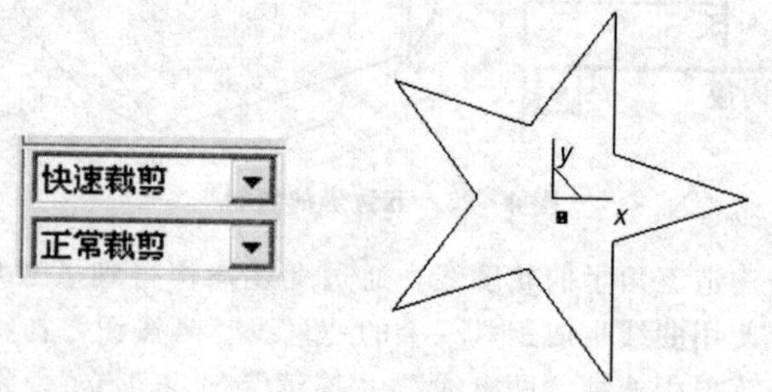

图 4－28　快速裁剪

（4）构造五角星的空间线架。在构造空间线架时，还需要五角星的一个顶点，因此需要在五角星的高度方向上找到一点（0，0，20），以便通过两点连线实现五角星的空间线架构造。

使用曲线生成工具栏上的“直线” 按钮，在特征树下方的立即菜单中选择“两点线”、“连续”、“非正交”，用鼠标选择五角星的一个角点，然后按 Enter，输入顶点坐标（0，0，20），同理，作五角星各个角点与顶点的连线，完成五角星的空间线架，如图 4－29 所示。

步骤 2：五角星曲面生成

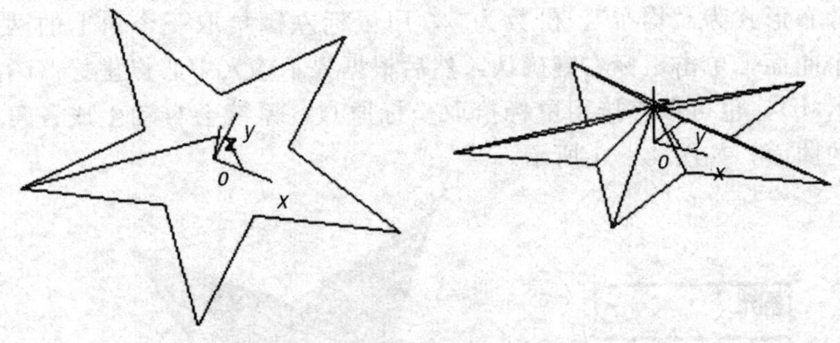

图 4－29 构造空间线架

（1）通过直纹面生成曲面。选择五角星的一个角，用鼠标单击曲面工具栏中的“直纹面” 按钮，在特征树下方的立即菜单中选择“曲线＋曲线”的方式生成直纹面，然后用鼠标左键拾取该角相邻的两条直线完成曲面，如图 4－30 所示。

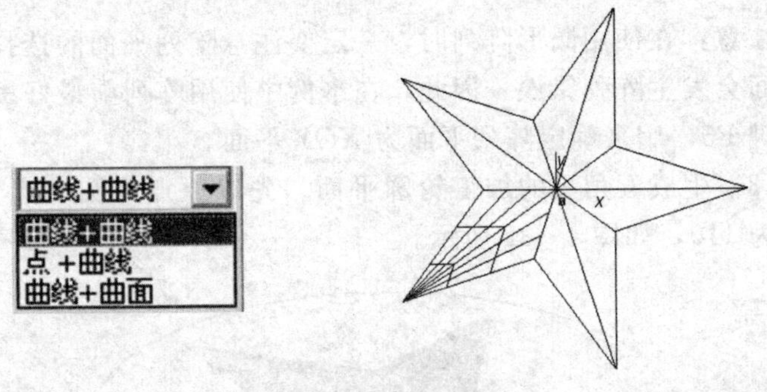

图 4－30 五角星曲面生成

注意：在拾取相邻直线时，鼠标的拾取位置应该尽量保持一致（相对应的位置），这样才能保证得到正确的扫描面。

（2）生成其他各个角的曲面。在生成其他曲面时，可以利用直纹面逐个生成曲面，也可以使用阵列功能对已有一个角的曲面进行圆形阵列来实现五角星的曲面构成。单击几何变换工具栏中的按钮，在特征树下方的立即菜单中选择“圆形”阵列方式，分布形式为“均布”，份数为 5，用鼠标左键拾取一个角上的两个曲面，单击鼠标右键确认，然后根据提示输入中心点坐标（0，0，0），也可以直接用鼠标拾取坐标原点，系统会自动生成各角的曲面，如图 4－31 所示。

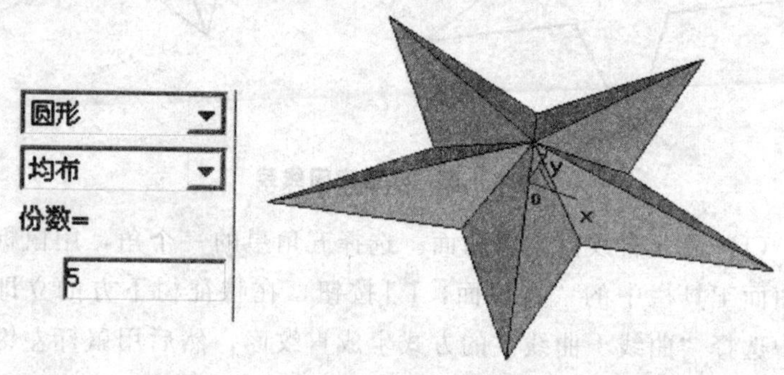

图 4－31 “阵列”对话框及各个角曲面的生成

注意：在使用圆形阵列时，一定要注意阵列平面的选择，否则曲面会发生阵列错误。因此，在本例中使用阵列前最好按一下快捷键 F5，用来确定阵列平面为 *XOY* 平面。

（3）生成五角星的加工轮廓平面。先以原点为圆心点作圆，半径为 110，如图 4－32 所示。

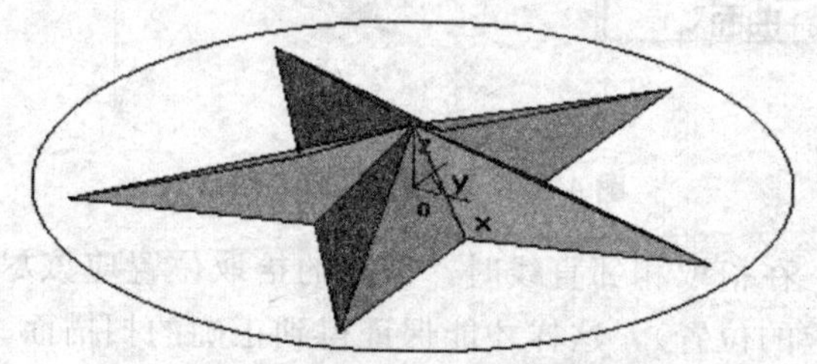

图 4－32 加工轮廓平面的绘制

用鼠标单击曲面工具栏中的“平面”按钮，并在特征树下方的立即菜单中选择“裁剪平面” 裁剪平面 。用鼠标拾取平面的外轮廓线，然后确定链搜索方向（用鼠标选择箭头），系统会提示拾取第一个内轮廓线，用鼠标拾取五角星底边的一条线，单击鼠标右键确定，如图 4－33 所示，完成加工轮廓平面，如图 4－34 所示。

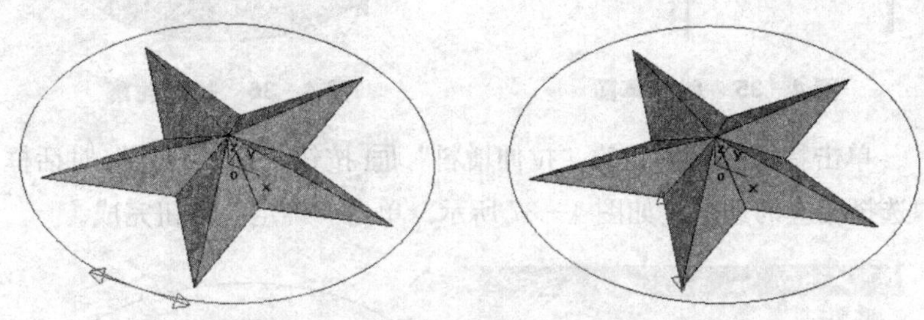

图 4－33 确定链搜索方向并拾取五角星底边

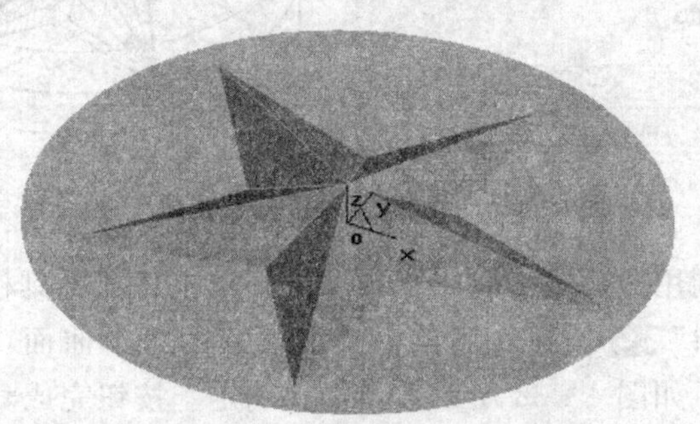

图 4－34 完成加工轮廓平面

步骤 3：生成加工实体

（1）生成基本体。选中特征树中的 *XOY* 平面，单击鼠标右键选择“创建草图”，如图 4－35 所示。或者直接单击。“创建草图”按钮（按快捷键 F2），进入草图绘制状态。

单击曲线生成工具栏上的“曲线投影”按钮，用鼠标拾取已有的外轮廓圆，将圆投影到草图上，如图 4－36 所示。

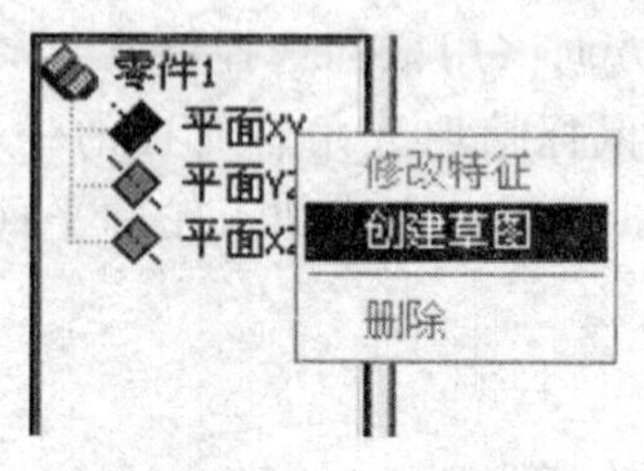

图 4-35　创建草图

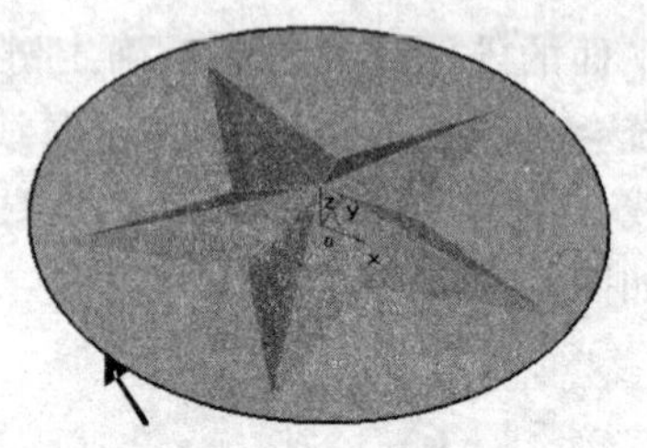

图 4-36　投影轮廓

单击特征工具栏上的“拉伸增料”按钮，在“拉伸”对话框中选择相应的选项，如图 4-37 所示。单击“确定”按钮完成。

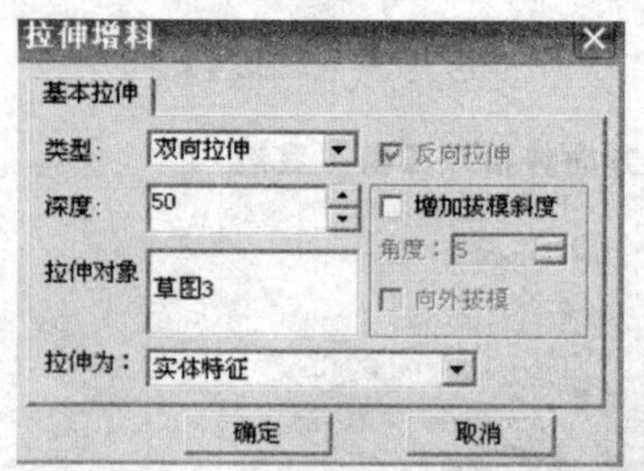

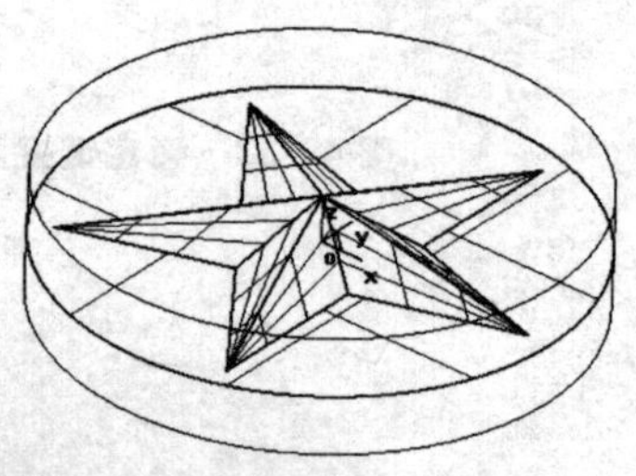

图 4-37　“拉伸”对话框及实体生成

（2）利用曲面裁剪除料生成实体。单击特征工具栏上的“曲面裁剪除料”按钮，用鼠标拾取已有的各个曲面，并且选择除料方向，如图 4-38 所示，单击“确定”按钮完成。

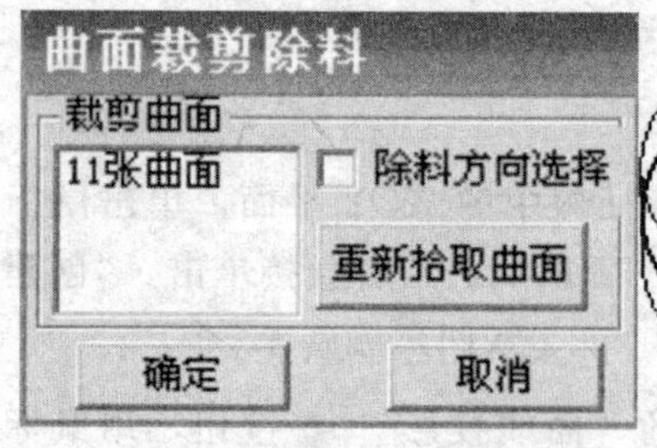

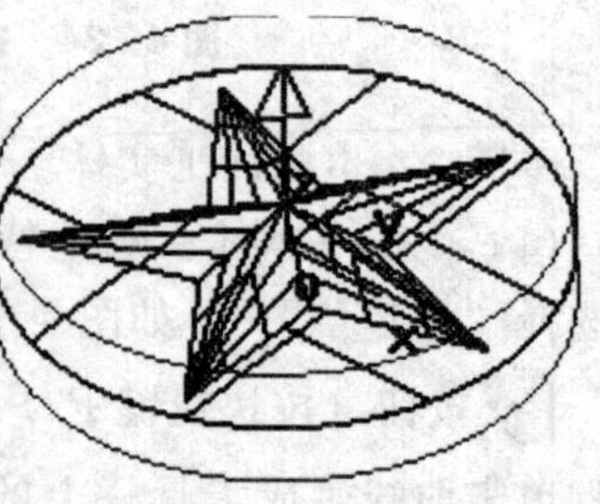

图 4-38　“曲面裁剪除料”对话框

（3）利用“隐藏”，功能将曲面隐藏。单击并选择“编辑”/“隐藏”，用鼠标从右向左框选实体（用鼠标单个拾取曲面），单击鼠标右键确认，实体上的曲面就被隐藏了，如图4-39所示。

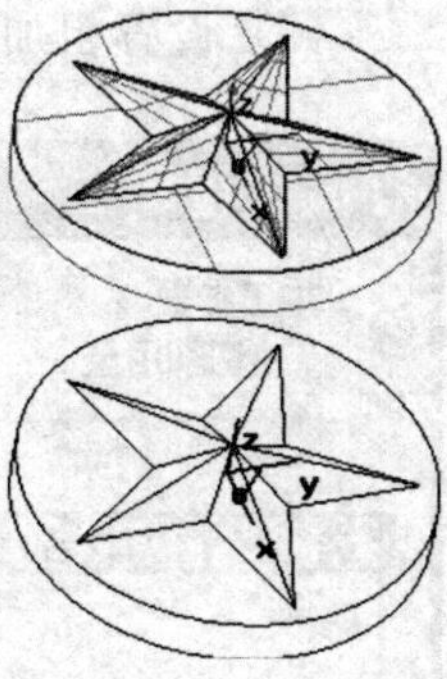

图 4-39　曲面隐藏

注意：由于在实体加工中，有些图线和曲面是需要保留的，因此不要随便删除。

步骤 4：等高线粗加工

（1）定义毛坯后，设置“粗加工参数”。单击“加工”/“粗加工”/“等高线粗加工”，在弹出的“等高线粗加工”对话框中设置“加工参数”，如图 4-40 所示。

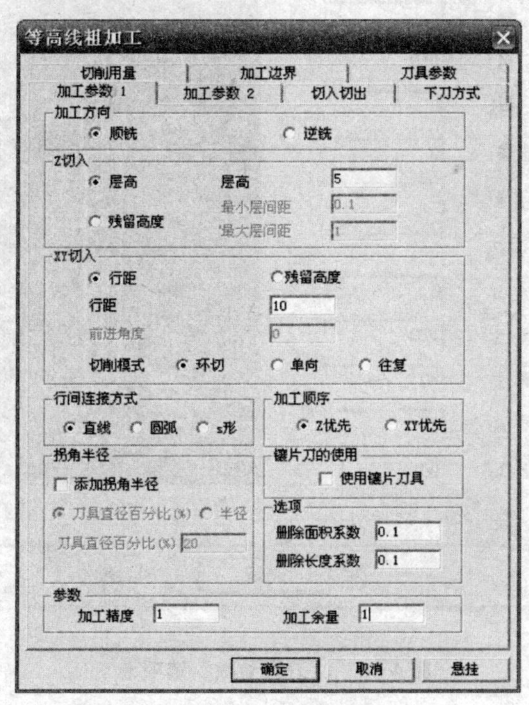

图 4-40　“加工参数 1”选项卡

（2）设置粗加工“刀具参数”，如图 4－41 所示。

图 4－41 “刀具参数”选项卡

（3）设置粗加工“切削用量”参数，如图 4－42 所示。

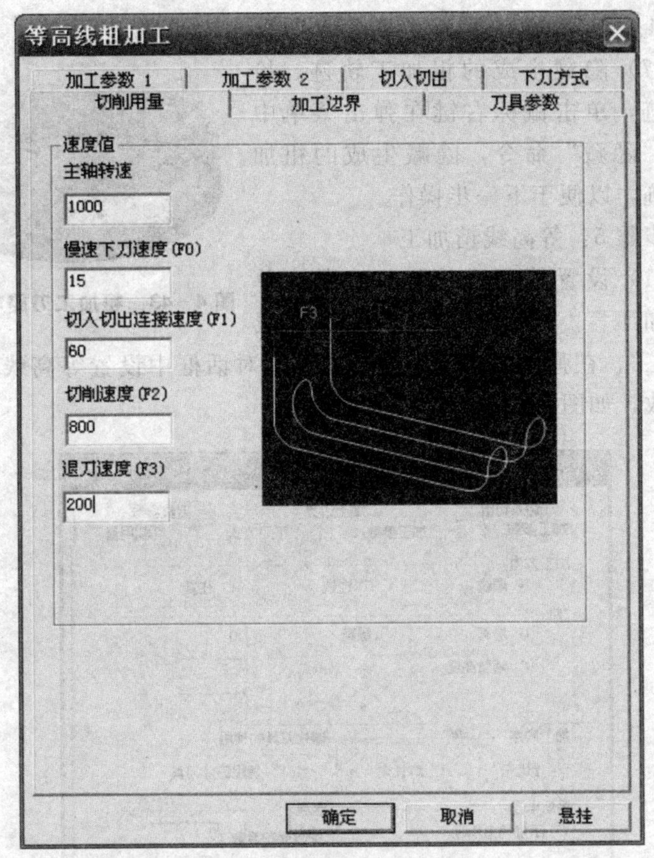

图 4-42 “切削用量”选项卡

(4) 确认“进退刀方式”、“下刀方式”、“清根方式”系统默认值。单击“确定”按钮退出参数设置。

(5) 按系统提示拾取加工轮廓。拾取设定加工范围的矩形后单击链搜索箭头；按系统提示“拾取加工曲面”，选中整个实体表面，系统将拾取到的所有曲面变红，然后单击鼠标右键结束，

(6) 生成粗加工刀路轨迹。系统提示：“正在准备曲面请稍候”、“处理曲面”等，然后系统就会自动生成粗加工轨迹。结果

如图 4－43 所示。

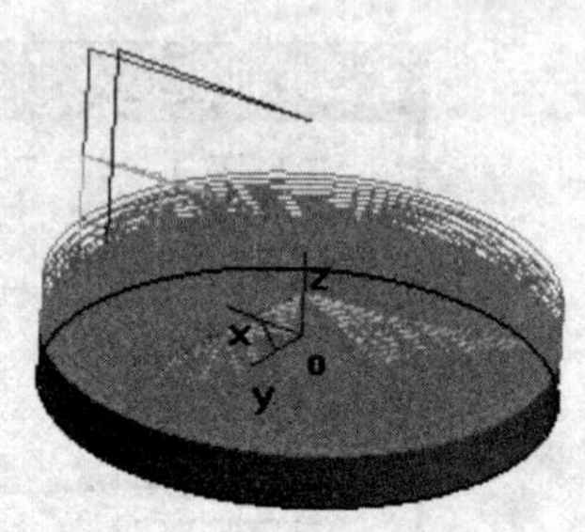

图 4－43　粗加工刀路轨迹

(7) 隐藏生成的粗加工轨迹。拾取轨迹，单击鼠标右键在弹出菜单中选择“隐藏”命令，隐藏生成的粗加工轨迹，以便于下一步操作。

步骤 5：等高线精加工

(1) 设置等高线精加工参数。单击“加工”/“轨迹生成”/“等高线精加工”，在弹出的“等高线精加工”对话框中设置等高线精加工参数，如图 4－44 所示。

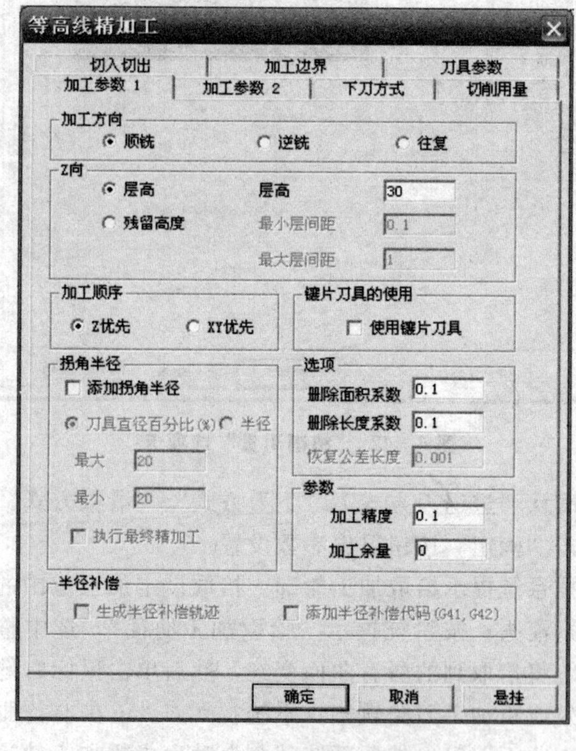

图 4－44　“加工参数 1”选项卡

(2) 设置精加工“刀具参数”，如图 4-45 所示。

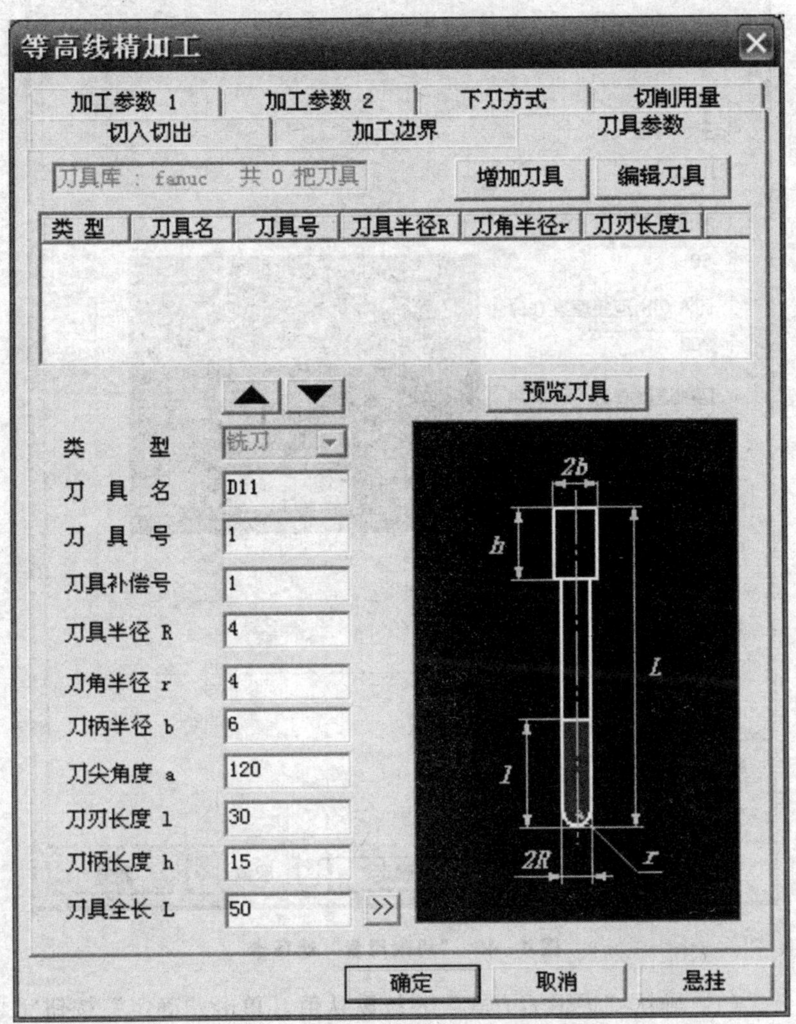

图 4-45 “刀具参数”选项卡

(3) 设置精加工“切削用量”参数，如图 4-46 所示。

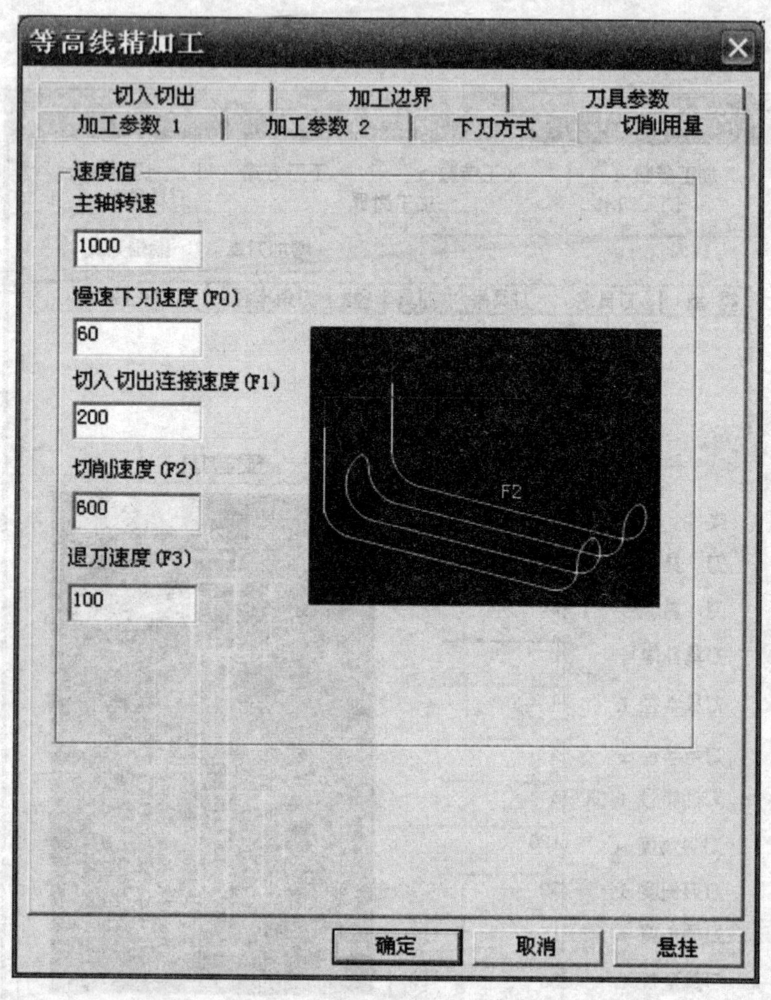

图 4-46 “切削用量”选项卡

（4）确认“进退刀方式”系统默认值。单击“确定”按钮完成并退出精加工参数设置。

（5）按系统提示拾取整个零件表面为加工曲面，单击鼠标右键确定。

（6）生成精加工轨迹，如图 4－47 所示。

注意：精加工的加工余量＝0。

步骤 6：加工仿真、刀路检验与修改

（1）单击“可见”按钮，显示所有已生成的粗/精加工轨迹，如图 4－48 所示。

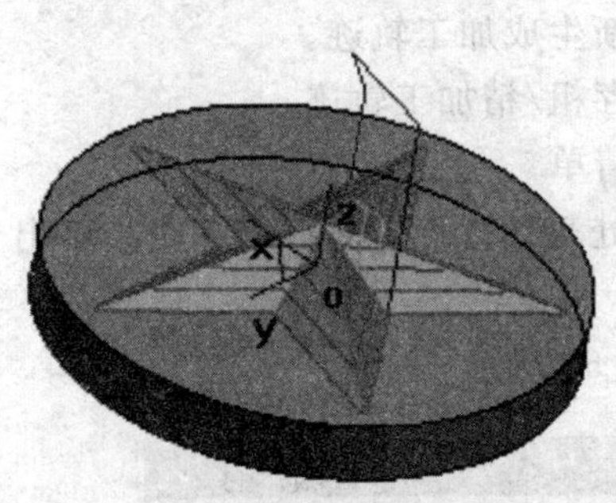

图 4－47 生成精加工轨迹

图 4－48 粗/精加工轨迹

（2）单击“加工”/“轨迹仿真”，在轨迹仿真界面中选定选项，按系统提示同时拾取粗加工刀具轨迹与精加工轨迹，单击鼠标右键，系统将进行仿真加工，如图 4－49 所示。

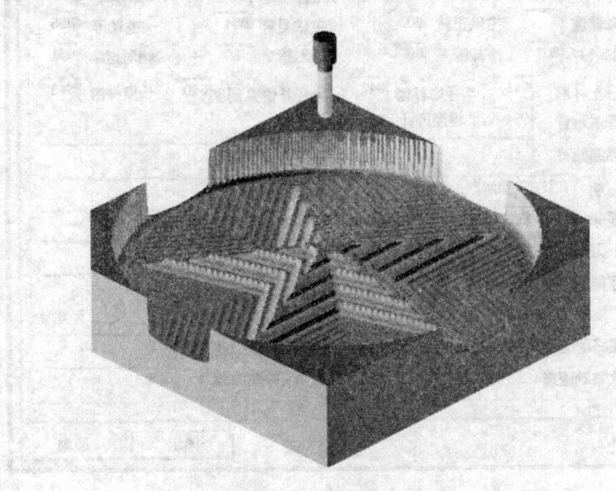

图 4－49 仿真加工

（3）在仿真过程中，系统显示走刀方式。

（4）观察仿真加工走刀路线，检验判断刀路是否正确、合理（有无过切等错误）。

（5）单击“应用”/“轨迹编辑”，弹出“轨迹编辑”表，按提示拾取相应加工轨迹或相应轨迹点，修改相应参数，进行局部轨迹修改。若修改过大，应该重新生成加工轨迹。

（6）仿真检验无误后，可保存粗/精加工轨迹。

步骤 7：生成 G 代码与工艺清单

（1）单击“加工”/“后置处理”/“生成 G 代码”，弹出“机床后置”对话框。

（2）设置当前机床，如图 4－50 所示。

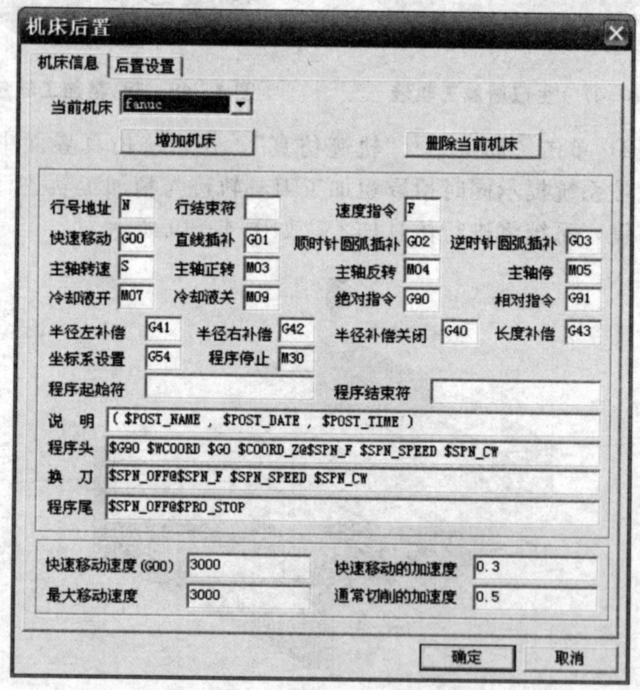

图 4－50 “机床后置”对话框

（3）设置后置处理参数，如图 4－51 所示。单击“确定”按钮退出。

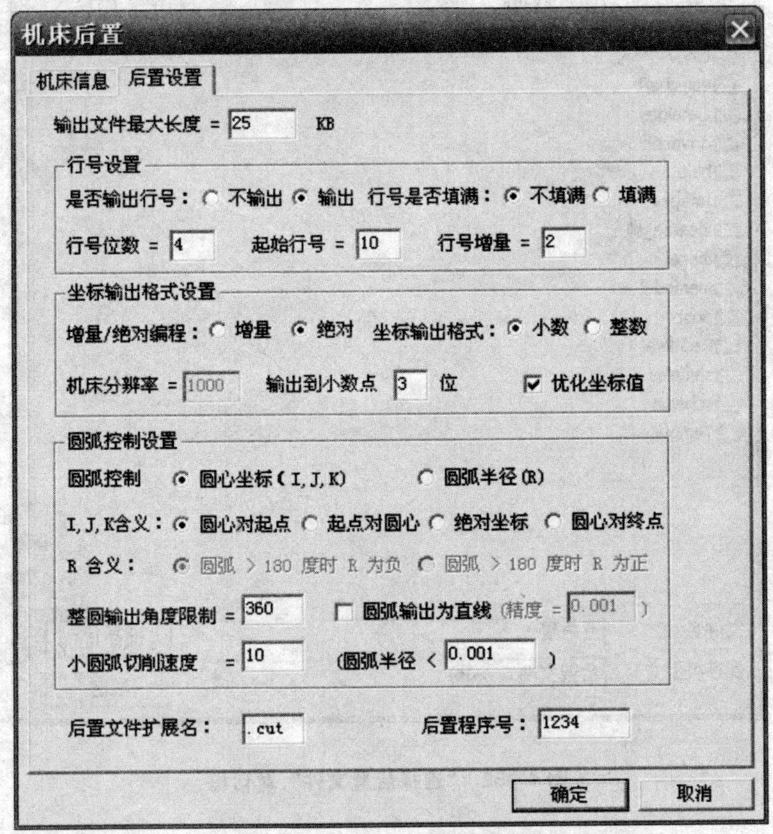

图 4－51 “后置设置”对话框

（4）单击“应用”/“后置处理”/“生成 G 代码”，在弹出的“选择后置文件”对话框中给定要生成的 NC 代码文件名（五角星 .cut）及其存储路径，如图 4－52 所示，单击“确定”按钮退出。按提示分别拾取粗加工轨迹与精加工轨迹，单击鼠标右键确定，生成加工 G 代码。

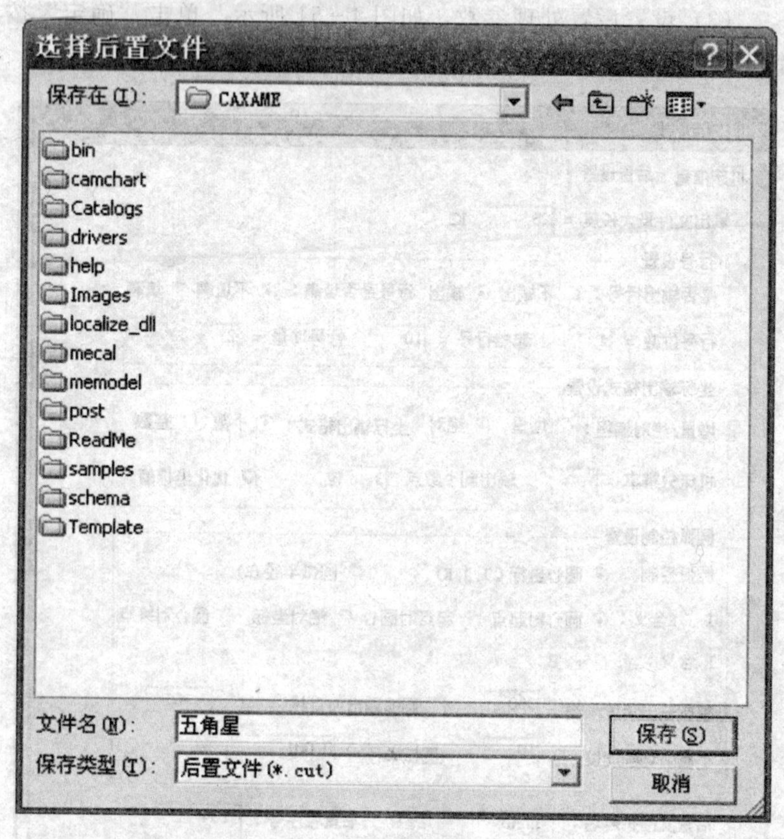

图 4-52 “选择后置文件”对话框

(5) 单击“应用”/“后置处理”/“生成加工工序单”，在弹出的“工艺清单”对话框中给定要生成的加工工艺清单模板、零件信息、清单文件名及其存储路径，单击“拾取轨迹”按钮。按提示分别拾取粗加工轨迹与精加工轨迹，生成的加工工艺清单如图 4-53 所示。

至此，五角星的造型和加工的过程就结束了。

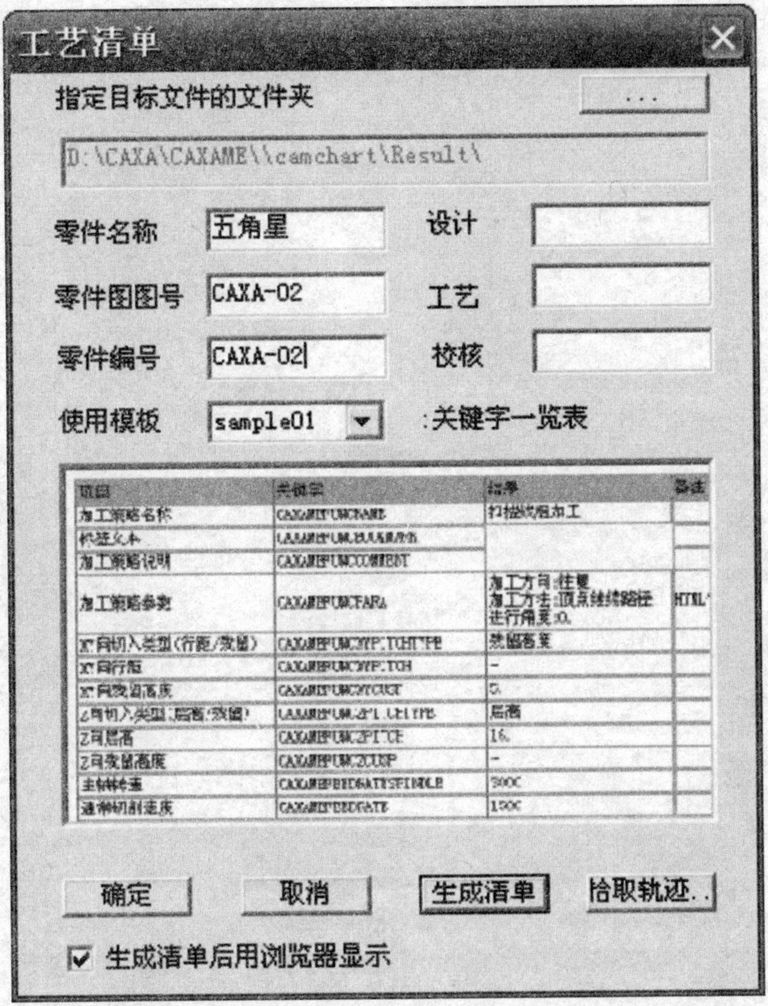

工艺清单

指定目标文件的文件夹 ...

D:\CAXA\CAXAME\\camchart\Result\

零件名称 五角星 设计

零件图图号 CAXA-02 工艺

零件编号 CAXA-02 校核

使用模板 sample01 :关键字一览表

项目	关键字	结果	备注
加工策略名称	CAXAMEFUNCNAME	扫描线粗加工	
[illegible]	[illegible]		
加工策略说明	CAXAMEFUNCCOMMENT		
加工策略参数	CAXAMEFUNCPARA	加工方向:往复 加工方法:顶点继续路径 进行角度:0.	HTML'
XY向切入类型(行距/残留)	CAXAMEFUNCXYPITCHTYPE	残留高度	
XY向行距	CAXAMEFUNCXYPITCH	-	
XY向残留高度	CAXAMEFUNCXYCUSP	5.	
Z向切入类型(层高/残留)	CAXAMEFUNCZPITCHTYPE	层高	
Z向层高	CAXAMEFUNCZPITCH	16.	
Z向残留高度	CAXAMEFUNCZCUSP	-	
主轴转速	CAXAMEFEEDRATESPINDLE	3000	
通常切削速度	CAXAMEFEEDRATE	1500	

确定 取消 生成清单 拾取轨迹...

☑ 生成清单后用浏览器显示

图 4-53 “工艺清单”对话框